国家自然科学基金项目（42172283）资助
河南省高校基本科研业务费专项资金资助
河南省产学研项目资助
河南理工大学地质资源与地质工程省级重点学科资助

基于水文地球化学理论的
矿井水源识别技术研究

黄平华　郝登峰　祝金峰　韩素敏◎著

中国矿业大学出版社

·徐州·

内 容 提 要

本书基于水文地球化学理论对矿井水源识别技术进行了研究。全书分为7章：第1章叙述了与本书研究内容相关的国内外研究现状；第2章介绍了华北型煤田（焦作煤田、平顶山煤田）的地质和水文地质背景；第3章分析了矿井地下水水化学的时间、空间分布特征；第4章叙述了煤矿区地下水水化学定量模拟及水化学的演化规律；第5章阐述了水化学矿井涌水水源识别模型原理、构建及应用；第6章基于各含水层环境稳定同位素分析，构建了矿井水源混合模型；第7章分析了矿井地下水放射性同位素分布影响因素并构建了动态识别模型，揭示了混合水源时间和空间变化及镭氡响应机制。

本书可作为地质工程、采矿工程、安全工程、水文与水资源工程、环境工程等专业本科生和硕士研究生学习的参考书，也可供从事煤矿水害防治和安全生产的工程技术人员借鉴。

图书在版编目（C I P）数据

基于水文地球化学理论的矿井水源识别技术研究/
黄平华等著. —徐州：中国矿业大学出版社，2023.11
  ISBN 978 - 7 - 5646 - 6056 - 7

Ⅰ. ①基… Ⅱ. ①黄… Ⅲ. ①矿井突水—水源—识别—研究 Ⅳ. ①TD742

中国国家版本馆 CIP 数据核字（2023）第 217425 号

书　　名	基于水文地球化学理论的矿井水源识别技术研究
著　　者	黄平华　郝登峰　祝金峰　韩素敏
责任编辑	满建康
出版发行	中国矿业大学出版社有限责任公司
	（江苏省徐州市解放南路　邮编 221008）
营销热线	（0516）83885370　83884103
出版服务	（0516）83995789　83884920
网　　址	http：//www.cumtp.com　E-mail：cumtpvip@cumtp.com
印　　刷	徐州中矿大印发科技有限公司
开　　本	787 mm×1092 mm　1/16　**印张** 9.5　**字数** 186 千字
版次印次	2023 年 11 月第 1 版　2023 年 11 月第 1 次印刷
定　　价	50.00 元

（图书出现印装质量问题，本社负责调换）

前　言

我国华北型煤田区寒武-二叠系含煤地层下分布有数层石炭系薄层石灰岩和奥陶系或寒武系厚层灰岩含水层。薄层灰岩含水层总体上不如厚层灰岩富水性强,同时厚层灰岩含水层也表现出富水性不均一且水压高的特点。受构造影响,薄层灰岩含水层及隔水层中断裂和裂隙较为发育。受采煤扰动影响,顶底板破裂带破坏深度内的含水层及隔水层中的断裂和裂隙将更为发育,因此煤层采掘过程中时刻受到顶底板含水层突水威胁。据调查,在隶属于华北型煤田区的河北、河南、山东、宁夏、安徽淮北和江苏徐州等煤田区,有近百个煤矿存在高地温现象。预计未来随着浅部煤炭资源的枯竭以及采掘技术的不断进步,煤炭开采深度将逐步增加,将面临异常高温影响下的高压突水水害威胁。因此,以华北型矿井为例,基于水文地球化学理论的矿井水源识别技术研究势在必行。

煤矿生产过程中虽然采取了很多煤层底板水害防治技术及工程措施,但正常的矿井排水仍是不可避免的。鉴于矿井涌水来源复杂、水质差异较大,如不加处理和研究便任意外排和利用,有可能造成对周边环境的污染和对用户产生损害,也有可能导致水资源的巨大浪费。因此,为改善矿区生态环境和保护宝贵的水资源以及满足矿井生产用水的需求,在分源分温评价矿井含水层水量和水质的基础上,实现矿井水的科学利用和合理排放是现代矿井发展亟待解决的问题。总之,开展矿井水源识别技术研究对于减少矿井水害损失、降低煤炭开采成本、提高工人劳动效率、保护矿区水生态环境均具有重要意义。

对于华北型煤田,在开采二叠系山西组煤和石炭系太原组煤层时,均受厚度大、水压高、温度高且岩溶发育及不均一的底板寒武系灰岩含水层的影响,所面临的突水威胁严重影响着矿井的安全生产。因此,针对华北型煤田矿井突水问题,运用水化学和稳定同位素技术,研究各含水层的水文地球化学分布规律,分析各含水层间的水力联系,查明主要的突水水源,对于制定和实施有效的矿井突水水害防治措施具有重要意义。该研究将为华北型煤田煤炭企业的安全生产和发展提供科学支撑,同时促进华北型煤田矿井防治水理论和科学技术的进步。

本书由河南理工大学黄平华、韩素敏,河南豫中地质勘查工程有限公司郝登峰,河南省地质研究院祝金峰共同完成。黄平华、郝登峰负责策划和定稿,祝金峰、韩素敏负责统稿和审稿。胡永胜、邰鸿飞、李元蒙、苏悄悄在本书编写过程中参与了大量的工作。本书还参考了国内外很多专家、同行的著作及研究成果,在此一并表示感谢。

由于作者水平所限,书中如有谬误之处,敬请广大读者批评指正。

著 者

2023 年 10 月

目　录

第1章 绪 论

1.1 背景与意义

在我国的能源消费中,煤炭占一次能源消费的比例在 70% 左右,煤炭工业在我国能源工业中占有举足轻重的地位。随着煤矿向深部开采,地下水威胁愈发严重,地下水抽排量急剧增大,地下水生态环境出现严重困境。作为陆地水循环的重要组成部分,地下水已经成为缓解我国供水紧张状况的可靠选择。地下水系统与煤矿开采通常处于耦合状态,揭示人为采矿活动影响下的煤矿地下水安全和环境响应机制以指导煤矿安全及绿色开采是学术界面临的严峻挑战。

华北型煤田随着上组煤资源枯竭,现已进入深部开采阶段,其开采深度以每年 10 m 左右的速度增加。伴随着深部开采,无论是矿井正常充水,还是以防治水害为目的的人为疏放水或采动裂隙充水,都会不同程度地影响或破坏含水层,煤层底板岩层受下部灰岩地下水害威胁程度逐渐增加。据统计,华北地区约有 160 亿 t 煤炭资源受到底板承压水的威胁,导致 40% 以上的煤炭不能正常开采。

由于长期受采矿活动影响,煤矿地下水系统输入、输出、系统结构、内部作用过程和功能以及环境等要素均不同程度地发生变化。这不仅使煤矿底板多层灰岩地下水水力联系紧密,混合作用加剧,涌水水源复杂,也破坏了含水层所处的环境,使其由原来的还原环境变成了氧化环境,且受高地温的作用,加速了矿物的氧化、水解、溶滤等物理化学作用。基于此,应用水文地球化学理论定量研究矿井水水源,揭示煤矿涌水机制,对于提升矿区水害防治理论具有重要意义。

1.2 国内外研究现状及发展态势

针对煤矿涌水水源非常复杂的问题,国内外许多专家学者开展了全方位地研究工作,在煤矿涌水水源识别方面作出了突出贡献。

（1）相似含水层地下水水化学差异性识别水源

近年来，众多国内外学者利用地下水水水化学显著差异特征识别水源，取得了较好成效。例如，刘艺芳等（2013）、陈朝阳等（1996）、郝谦等（2020）、琚棋定等（2018）、陈陆望等（2003）、胡友彪等（2017）基于常规水化学变量，结合数学分类理论，构建了煤矿涌水水源识别方法，精度较高，效果显著。吴初等（2017）、杨建等（2005）、胡伟伟等（2010）、代革联等（2017）、朱乐章（2018）分别采用 Piper 三线图、氯碱指数法、Gibbs 图、阿廖金分类等方法对地下水水化学特征进行分析，确定了地下水水源。曾妍妍等（2020）分析了地下水水化学形成机制，应用 Gibbs 图解法解译了不同含水层地下水水源混合规律。刘贯群等（2019）联合数理统计方法和水化学离子比揭示了地下水水源混合机制。孙林华等（2013）应用常规水化学，结合因子分析、聚类分析计算了煤系砂岩含水层地下水和石炭系灰岩地下水混合比例。Liu 等（2020）基于常规水化学数据，采用主成分分析（PCA）和层次聚类分析（HCA），构建了地下水水源混合比例模型。邢立亭等（2018）应用常规水化学，采用试算法计算了地下水水源混合比例。

（2）多含水层地下水环境稳定同位素准确识别

环境稳定同位素在确定地下水水源及混合过程具有显著优势。在研究大尺度区域地下水水源及混合机制方面，国内外学者采用环境稳定同位素取得显著成效。例如，Qiu 等（2018）、Mohammed 等（2014）采用 ^{2}H、^{18}O 同位素示踪技术，确定了地下水循环过程及来源。Carucci 等（2012）应用 ^{2}H、^{18}O、^{87}Sr/^{86}Sr、^{34}S、^{13}C 同位素确定了地下水多种水源。Salifu 等（2020）应用 ^{2}H、^{18}O 和 ^{87}Sr/^{86}Sr 同位素，量化了瑞典某尾矿下游水源混合比例，并评估了混合计算模型的一致性。Petersen 等（2018）联合应用 ^{2}H、^{18}O、^{14}C、^{36}Cl、^{4}He 同位素确定了地下水多条混合路径，并构建了混合模型计算出主要补给区的平均贡献率。Li 等（2013）、Ma 等（2013）、Luo 等（2013）、Han 等（2014）利用 ^{2}H、^{18}O 同位素分析了地下水的补给环境，辨识了地下水水源。刘皓雯等（2019）采用 ^{2}H、^{18}O 同位素，结合氯离子质量平衡法和二元混合模型法，估算了浅层地下水水源及混合比例。殷晓曦（2017）应用 ^{2}H、^{18}O 同位素确定了地下水混合端元，并构建了混合计算模型，揭示了开采扰动影响下的煤矿地下水混合机制。Xu 等（2018）应用 ^{2}H、^{18}O 和 ^{14}C 同位素评价了深部地下水系统混合过程，结果表明持续过度开采导致水力联系加强。宋献方等（2007）将 ^{2}H、^{18}O 同位素示踪技术和氯离子质量平衡法相结合，分析了河川径流的混合水源。黄平华等（2013）应用 ^{2}H、^{18}O、^{3}H、^{14}C 同位素，揭示了焦作煤矿区涌水水源主要来源于当地降水、深层灰岩水和"古地下水"的混合，并构建了多元混合质量平衡（M3）计算模型。

（3）多层灰岩地下水放射性核素定量识别混合水源

放射性同位素是目前研究不同尺度条件下煤矿地下水混合过程非常有效的手段,经常被用于确定地下水径流途径、估算地下水年龄、评估地下水水源及混合规律。例如,孙占学等(1992)、苏小四等(2007)、Zimmermann 等(1968)、Cook 等(1997)、Herrera 等(2021)通过分析区域地下水中 ^{14}C、^3H 等同位素的空间分布特征,进行地下水混合水源识别及定年研究,极大地促进了同位素测年技术在研究地下水资源的可更新能力方面的应用。Túri 等(2019)等利用 ^{18}O、^2H、^{13}C、^3H 等同位素和稀有气体研究了 4 个含水层的补给条件,基于 ^{14}C 测年模型,估算了 4 个含水层地下水平均停留时间。Al-Charideh(2012)应用放射性同位素 ^3H、^{14}C,评估了水岩相互作用过程,确定了地下水水源和停留时间。Kotowski 等(2019)研究了受地下水流动条件和持续开采影响下的地下水中 ^{18}O、^2H、^3H 同位素组成,计算了地下水年龄,分析表明深浅含水层地下水存在强烈混合作用。田华等(2010)基于 50 年降水 ^3H 浓度数据,应用活塞与全混模型得出地下水系统的平均滞留时间,估算了地下水系统的平均更新速率。臧红飞等(2020)利用 ^3H 同位素示踪技术和水文地球化学模拟技术,研究了柳林泉域地表水与岩溶地下水的混合作用,计算了混合比例。Hssaisoune 等(2019)通过研究 ^3H、^{14}C 浓度的空间变化,发现了含水层系统内新补给的地下水和老地下水的混合活跃,揭示了地下水的可更新性程度。桂和荣等(2004)通过对放射性同位素 ^3H 含量进行分析,探讨了皖北矿区主要突水层、含水层的循环特征及其相互间的水力联系。王骞迎等(2020)通过分析研究区近两年的水化学、D、^{18}O、^3H 及 CFCS 等指标测试结果,划分了伊犁河谷西部平原区南北两侧地下水水流系统,并发现了不同级次的地下水水流系统在循环范围和深度上存在一定差异。Abdeldjebar 等(2019)应用 ^3H、^{14}C 和水化学技术确定了乌阿尔格拉地区地下水来源、年龄,分析探讨了地表水和深层地下水的补给机制。刘存富等(1997)应用 ^3H、^{14}C 和 ^{36}Cl,计算了河北平原地下水的年龄,探讨了古气候的演变。黄平华等(2013)推导了水量平衡方程式,建立了焦作煤矿区地下水 ^3H 分布模型和更新周期计算公式,合理评估了当地降雨对浅层含水层的补给特征,为水资源评估提供理论基础。

天然放射性核素 ^{226}Ra 及其衰变产物 ^{222}Rn 在地下水中的分布、赋存及迁移不仅指示地下水径流、补给及混合过程,还反映地质条件、水文地质条件、人工干扰等因子特征。例如,Chevychelov 等(2019)在污染源下游 2 km 以外的地下水中检测到 ^{226}Ra 在水中的扩散晕,证实了 ^{226}Ra、^{222}Rn 在水中迁移强烈。Vital 等(2020)评估了基岩类型、深度、矿物相和滞留时间对 ^{222}Rn 含量的影响,表明 ^{222}Rn 活度与井深及寒武系基底接近程度有关。Vinson 等(2009)认为水岩相互作用以及高温对地下水中 ^{222}Rn 的迁移和分布起到了一定的作用。Al-Hilal

（2020）分析表明地下水 ^{222}Rn 活度与 EC 浓度呈正相关，而与 TDS 值的相关性较小。Roba 等（2012）分析了 ^{226}Ra、^{222}Rn 的赋存及迁移与 pH 值、温度、电导率、溶解固体总量、硬度、氧化还原电位和化学需氧量相关性，指示了 ^{226}Ra、^{222}Rn 迁移率受多种物理和化学参数影响。Abbasi 等（2020）通过分析地下水电导率、温度、酸度与 ^{226}Ra 活度的关系，发现地下水中异常高的 ^{226}Ra 浓度优先出现在高温度和高电导率的酸性环境中。Cheng 等（2020）利用多年地下水 ^{222}Rn 样本资料，建立了 ^{222}Rn 活度与温度回归模型。Hsu 等（2020）基于 ^{222}Rn 质量平衡模型，揭示了控制混合地下水补给量的主控因子。刘建安（2019）应用 $^{224}Ra/^{223}Ra$ 比值和 ^{224}Ra 质量平衡模型分别计算了地下水年龄。苏小四（2020）利用 ^{222}Rn 质量平衡模型，计算了伊犁河与地下水的相互转化量，揭示了地下水来源及混合过程。李开培等（2011）基于镭质量平衡模型和镭同位素比值法估算了地下水的年龄，利用三端元混合模型计算了地下水混合比例。王麒（2016）研究了煤田地下水放射性核素含量分布规律，阐述了主要影响因素。

上述研究成果利用地下水水化学、环境同位素示踪技术探讨区域地下水水源问题，取得了很好成效。但是，针对岩性相似的煤层底板多层灰岩地下水水化学特征值相近，适用性有待提高；针对小尺度区域多个含水层地下水环境稳定同位素（如 ^2H、^{18}O、^{13}C 等）差异不明显情况，难以准确区分水源。随着煤矿开采下疏放水长期进行，地下水更新加快，^3H、^{14}C、^{36}Cl 等放射性同位素已不适合示踪煤矿涌水水源。随着核素测量方法的进步，利用放射性同位素镭和氡来研究水源也逐渐发展起来。

因此，本书选取典型华北型煤田（平顶山煤田、焦作煤田）作为对象开展煤矿地下水循环研究。华北型煤田水文地质条件、构造地质条件复杂，煤层主要涌水含水层分为：寒武系（或奥陶系）灰岩含水层和石炭系多个灰岩含水层，平顶山煤田和焦作煤田在地质、水文地质条件、涌水量等方面在华北型煤田中具有典型代表性。所以本书建立科学合理的研究成果，可应用到华北型煤田水害防治及水资源开采与保护中，在该区域的研究成果对于其他煤田的水害防治及水资源开采与保护也具有一定的借鉴意义。

1.3　研究内容

（1）煤矿地下水水化学特征分析

运用数理统计法、克里金插值法对焦作煤矿区地下水水化学数据进行分析，阐述水化学离子空间分布特征，阐述煤田不同含水层地下水水化学类型特征。

对煤矿开采时期、关闭时期的 pH 值、TDS、Ca^{2+}、Mg^{2+} 浓度、Na^+、Cl^- 浓

度等进行数理统计分析,根据不同时期地下水组分变化,获得水化学组分随时间变化的分布特征。

(2)水化学定量模拟及演化规律

运用 Gibbs 图、氯碱指数图、典型离子组合比等方法对地下水水化学形成过程及来源进行分析,阐述深层地下水径流过程中发生的混合作用、水-岩相互作用、阳离子吸附交替作用及沉淀溶解。结合地下水多元统计分析与 PHREEQC 软件,定量解析矿区深层地下水混合过程,揭示华北型煤田地下水混合机制。

(3)煤矿涌水水源水化学判别模式构建

分析矿井突水水源识别原理,建立应用于典型华北煤田的水源识别模型,根据实地勘察采样数据,验证模型有效性,评估模型准确度,为矿井突水水源识别研究工作提供一定的参考。

(4)煤矿地下水稳定同位素特征及识别模式研究

分析矿区不同水体中氢氧同位素的组成特征,揭示大气降水、河水、土壤水以及不同地层水体之间的水力联系,定性分析地下水演化过程,确定深层灰岩水补给来源。综合采用多同位素示踪技术,研究矿区硫酸盐、碳酸盐迁移转化机制。

(5)煤田底板灰岩水放射性同位素特征及判别模式研究

构建及验证灰岩水中氡迁移质量平衡模型以及镭氡质量平衡模型,分析不同放射性同位素的影响因素;构建深层地下水放射性同位素分布模型,利用该模型进一步获取动态镭-氡同位素数据,结合主成分分析法和多元混合质量平衡计算方法,构建煤层底板深层灰岩水混合比例动态识别模型,揭示混合水源在时间和空间上的变化及镭氡响应机制。

参 考 文 献

陈朝阳,王经明,董书宁,等,1996.焦作矿区突水水源判别模型[J].煤田地质与勘探,24(4):38-40.

陈陆望,桂和荣,胡友彪,等,2003.皖北矿区煤层底板岩溶水水化学特征研究[J].煤田地质与勘探,31(2):27-30.

代革联,薛小渊,牛超,2017.基于水化学特征分析的象山矿井突水水源判别[J].西安科技大学学报,37(2):213-218.

桂和荣,陈陆望,2004.皖北矿区主要突水水源水文地质特征研究[J].煤炭学报,29(3):323-327.

郝谦,武雄,穆文平,等,2020.基于随机森林模型判别矿井涌(突)水水源[J].科学技术与工程,20(16):6411-6418.

胡伟伟,马致远,曹海东,等,2010.同位素与水文地球化学方法在矿井突水水源判别中的应用[J].地球科学与环境学报,32(3):268-271.

胡友彪,邢世平,张淑莹,2017.基于可拓模型判别矿井突水水源[J].安徽理工大学学报(自然科学版),37(6):34-40.

黄平华,祝金峰,邓勇,等,2013.地下水中氚同位素分布模型及其应用[J].煤炭学报,38(增刊2):448-452.

琚棋定,胡友彪,张淑莹,2018.基于主成分分析与贝叶斯判别法的矿井突水水源识别方法研究[J].煤炭工程,50(12):90-94.

郎琳,刘建安,钟强强,等,2020.^{226}Ra和^{228}Ra对南海北部陆坡水团的示踪作用[J].海洋环境科学,39(4):511-521.

李开培,郭占荣,袁晓婕,等,2011.氡和镭同位素在沿岸海底地下水研究中的应用[J].勘察科学技术,5:30-36.

刘存富,王佩仪,周炼,1997.河北平原地下水氢、氧、碳、氯同位素组成的环境意义[J].地学前缘,4(增刊1):271-278.

刘贯群,朱利文,孙运晓,2019.大沽河下游地区地下咸水的水化学特征及成因[J].中国海洋大学学报(自然科学版),49(5):84-92.

刘皓雯,秦伟,高美荣,等,2019.丘陵区典型小流域地下水化学特征与补给来源分析[J].山地学报,37(2):186-197.

刘建安,2019.基于镭同位素评估河口和近海海底地下水排放及其环境效应[D].上海:华东师范大学.

刘艺芳,武强,赵昕楠,2013.内蒙古东胜煤田矿井水水质特征与水环境评价[J].洁净煤技术,19(1):101-106.

宋献方,刘相超,夏军,等,2007.基于环境同位素技术的怀沙河流域地表水和地下水转化关系研究[J].中国科学(D辑:地球科学),37(1):102-110.

苏小四,林学钰,董维红,等,2007.反向地球化学模拟技术在地下水^{14}C年龄校正中应用的进展与思考[J].吉林大学学报(地球科学版),37(2):271-277.

孙林华,桂和荣,2013.皖北桃源矿深部含水层地下水地球化学数理统计分析[J].煤炭学报,38(增刊2):442-447.

孙占学,李学礼,史维浚,1992.江西中低温地热水的同位素水文地球化学[J].华东地质学院学报,15(3):243-248.

田华,王文科,荆秀艳,等,2010.玛纳斯河流域地下水氚同位素研究[J].干旱区资源与环境,24(3):98-102.

王麒,2016.河南平顶山煤田地温异常的构造制约及放射性核素迁移转化机理

［D］．北京：中国科学院大学．

王骞迎，张艺武，苏小四，等，2020．伊犁河谷西部平原多级次地下水循环模式［J］．南水北调与水利科技（中英文），18(4):167-177．

吴初，武雄，钱程，等，2017．内蒙古杭锦旗气田区地下水化学特征及其形成机制［J］．现代地质，31(3):629-636．

邢立亭，周娟，宋广增，等，2018．济南四大泉群泉水补给来源混合比探讨［J］．地学前缘，25(3):260-272．

杨建，王心义，李松营，等，2005．新安矿井突水水源的水化学特征分析［J］．矿业研究与开发，25(4):70-73．

殷晓曦，2017．采动影响下宿县-临涣矿区地下水循环-水化学演化及其混合模型研究［D］．合肥：合肥工业大学．

臧红飞，连泽俭，2020．柳林泉域地表水与岩溶地下水的混合作用研究［J］．人民黄河，42(1):53-56．

曾妍妍，周金龙，乃尉华，等，2020．新疆喀什噶尔河流域地下水形成的水文地球化学过程［J］．干旱区研究，37(3):541-550．

张淑莹，胡友彪，邢世平，2018．基于独立性权-灰色关联度理论的突水水源判别［J］．水文地质工程地质，45(6):36-41．

张艺武，苏小四，王骞迎，等，2020．伊犁河谷西部平原区地表水与地下水转化关系研究［J］．北京师范大学学报（自然科学版），56(5):664-674．

朱乐章，2018．利用水化学特征识别朱庄煤矿突水水源［J］．中国煤炭，44(5):100-104．

ABBASI A，MIREKHTIARY F，2020. Some physicochemical parameters and [226]Ra concentration in groundwater samples of North Guilan, Iran［J］. Chemosphere,256:127113.

ABDELDJEBAR T, MOHAMMED H, MESSOUAD H, 2019. Origin and age of the surface water and groundwater of the Ouargla Basin-Algeria［J］. Energy procedia,157:111-116.

AL-CHARIDEH A，2012. Geochemical and isotopic characterization of groundwater from shallow and deep limestone aquifers system of Aleppo Basin (north Syria)［J］. Environmental earth sciences,65(4):1157-1168.

AL-HILAL M，2020. Radon as a natural radiotracer to investigate infiltration from surface water to nearby aquifers: a case study from the Barada riverbank, Syria［J］. Geofísica internacional,59(3):208-223.

CARREIRA P M, MARQUES J M, NUNES D, et al., 2013. Isotopic and geochemical tracers in the evaluation of groundwater residence time and salinization problems at Santiago Island, cape verde[J]. Procedia earth and planetary science, 7:113-117.

CARUCCI V, PETITTA M, ARAVENA R, 2012. Interaction between shallow and deep aquifers in the Tivoli Plain (Central Italy) enhanced by groundwater extraction: a multi-isotope approach and geochemical modeling [J]. Applied geochemistry, 27(1):266-280.

CHENG K H, LUO X, JIAO J J, 2020. Two-decade variations of fresh submarine groundwater discharge to Tolo Harbour and their ecological significance by coupled remote sensing and radon-222 model[J]. Water research, 178:115866.

CHEVYCHELOV A P, SOBAKIN P I, KUZNETSOVA L I, 2019. Natural radionuclides ^{238}U, ^{226}Ra, and ^{222}Rn in the surface water of the el'konskii uranium ore region, southern Yakutia[J]. Water resources, 46(6):952-958.

COOK P G, SOLOMON D K, 1997. Recent advances in dating young groundwater: chlorofluorocarbons, and 85Kr[J]. Journal of hydrology, 191 (1/2/3/4):245-265.

HAN D M, SONG X F, CURRELL M J, et al., 2014. Chemical and isotopic constraints on evolution of groundwater salinization in the coastal plain aquifer of Laizhou Bay, China[J]. Journal of hydrology, 508:12-27.

HERRERA C, GODFREY L, URRUTIA J, et al., 2021. Recharge and residence times of groundwater in hyper arid areas: the confined aquifer of Calama, Loa River Basin, Atacama Desert, Chile[J]. Science of the total environment, 752:141847.

HSSAISOUNE M, BOUCHAOU L, MATSUMOTO T, et al., 2019. New evidences on groundwater dynamics from the Souss-Massa system (Morocco): insights gained from dissolved noble gases [J]. Applied Geochemistry, 109:104395.

HSU F H, SU C C, WANG P L, et al., 2020. Temporal variations of submarine groundwater discharge into a tide-dominated coastal wetland (Gaomei wetland, western Taiwan) indicated by radon and radium isotopes[J]. Water, 12(6):1806.

HUANG P H, WANG X Y, 2018. Groundwater-mixing mechanism in a multiaquifer system based on isotopic tracing theory: a case study in a coal mine district,China[J]. Geofluids,2018:9549141.

KOTOWSKI T, CHUDZIK L, NAJMAN J, 2019. Application of dissolved gases concentration measurements, hydrochemical and isotopic data to determine the circulation conditions and age of groundwater in the Central Sudetes Mts[J]. Journal of hydrology,569:735-752.

LI J, LIU J, PANG Z, et al. , 2013. Characteristics of chemistry and stable isotopes in groundwater of the chaobai river catchment,Beijing[J]. Procedia earth and planetary science,7:487-490.

LIU G W,MA F S,LIU G,et al. ,2020. Quantification of water sources in a coastal gold mine through an end-member mixing analysis combining multivariate statistical methods[J]. Water,12(2):580.

LUO W J,WANG S J,XIE X N, 2013. A comparative study on the stable isotopes from precipitation to speleothem in four caves of Guizhou, China [J]. Geochemistry,73(2):205-215.

MA J Z,HE J H,QI S,et al. ,2013. Groundwater recharge and evolution in the Dunhuang Basin,northwestern China[J]. Applied geochemistry,28:19-31.

MOHAMMED N, CELLE-JEANTON H, HUNEAU F, et al. ,2014. Isotopic and geochemical identification of main groundwater supply sources to an alluvial aquifer,the Allier River valley (France)[J]. Journal of hydrology, 508:181-196.

PETERSEN J O, DESCHAMPS P, HAMELIN B, et al. , 2018. Groundwater flowpaths and residence times inferred by ^{14}C,^{36}Cl and ^{4}He isotopes in the Continental Intercalaire aquifer (North-Western Africa) [J]. Journal of hydrology,560:11-23.

QIU H L,GUI H R,SONG Q X,2018. Composing characteristics of hydrogen and oxygen isotopes and tracing of hydrological cycle in mid-layer groundwater within coal mining area,northern Anhui Province,China[J]. Fresenius environmental bulletin,27(1):559-566.

ROBA C A,NIȚĂ D,COSMA C,et al. ,2012. Correlations between radium and radon occurrence and hydrogeochemical features for various geothermal aquifers in Northwestern Romania[J]. Geothermics,42:32-46.

SALIFU M, HÄLLSTRÖM L, AIGLSPERGER T, et al. , 2020. A simple model for evaluating isotopic (^{18}O,^{2}H and ^{87}Sr/^{86}Sr) mixing calculations of mine-Impacted surface waters [J]. Journal of contaminant hydrology,

232:103640.

TÚRI M, MOLNÁR M, OREHOVA T, et al., 2019. Tracing groundwater recharge conditions based on environmental isotopes and noble gases, Lom depression, Bulgaria[J]. Journal of hydrology: regional studies, 24:100611.

VINSON D S, VENGOSH A, HIRSCHFELD D, et al., 2009. Relationships between radium and radon occurrence and hydrochemistry in fresh groundwater from fractured crystalline rocks, North Carolina (USA)[J]. Chemical geology, 260(3/4):159-171.

VITAL M, MARTÍNEZ D E, GRONDONA S I, et al., 2020. Geological basement control on ^{222}Rn accumulation as an input function for hydrogeological systems on a loess aquifer, Argentina [J]. Catena, 194:104692.

XU N Z, GONG J S, YANG G Q, 2018. Using environmental isotopes along with major hydro-geochemical compositions to assess deep groundwater formation and evolution in eastern coastal China[J]. Journal of contaminant hydrology, 208:1-9.

YANG P H, DAN L, GROVES C, et al., 2019. Geochemistry and genesis of geothermal well water from a carbonate-evaporite aquifer in Chongqing, SW China[J]. Environmental earth sciences, 78(1):33.

ZIMMERMANN U, EHHALT D, MUENNICH K O, 1968. Soil-water movement and evapotranspiration: changes in the isotopic composition of the water[J]. Isotopes in hydrology, 10:567-584.

第 2 章 煤矿区水文地质条件分析

本书以焦作煤矿区和平顶山煤矿区煤田为典型,阐述煤田地下水水化学特征、定量模拟及演化规律,建立涌水水源水化学判别模式等,而水文地质条件分析是矿井水源识别的基础研究内容。

2.1 焦作煤矿区水文地质条件分析

2.1.1 自然地理条件

1. 矿区范围与交通

焦作煤矿区煤炭资源十分丰富,位于河南省的西北部,东至卫辉,西至丹河,北至太行山区,南到朱村、东韩王与大官庄一带,占地面积约为 1 340 km²,隶属于河南省焦作市管辖。焦作市北部紧临太行山,南边挨着黄河,距离省会郑州市大约 70 km,地理位置为北纬 35°10′～35°21′,东经 113°4′～113°26′,面积约为 4 070 km²,拥有 352 万人口,包括 6 县、4 区和 1 个城乡一体化示范区,被评为全国水生态文明城市、中国优秀旅游城市、全国文明城市。焦作市交通便利,新焦铁路、焦柳铁路、郑焦城际铁路等多条铁路在此交汇,焦郑高速、长济高速、焦晋高速、京港澳高速、二广高速等高速公路四通八达,已成为衔接河南西北、山西东南乃至全国各地的重要枢纽之地。焦作交通位置图见图 2-1。

2. 地形地貌

焦作煤矿区地形复杂,地貌独特。地势从北部太行山区至南部豫北平原逐渐降低,呈阶梯性变化。北部太行山平均海拔 1 000 m 以上,峡谷连绵,山势陡峭,呈 "V" 字形,坡度在 20° 以上,多呈南坡或西南坡。此地区岩性多以砂砾、砂卵石层、亚砂土、亚黏土为主,部分为黄土状砂土,在二叠-石炭系地层形成多层采煤区。由于焦作地区煤矿长期采煤,导致地面塌陷严重,裂缝较多,尤其是焦作矿区西罗庄、韩蒋村,裂缝发育十分明显,已造成该村庄公路塌陷、房屋倾斜、墙体开裂。在山地和平原的过渡地区产生倾斜度为 10°～20° 的丘陵地区,该地

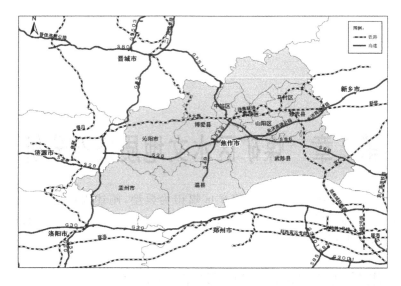

图 2-1　焦作交通位置图

区海拔多在 150 m 以上,地面为耕地且不平整,黄土冲沟遍布,呈梯田状。焦作南半部分地区为平原区,地势平坦。因邻近黄河,地下水丰富,土地肥沃,除了拥有黄河、沁河滩地外,部分太行山冲洪积扇也在此形成。

　　3. 气象水文

　　焦作煤矿区位于北半球中纬度地带的季风区内,太阳照射时间充足,热量大,年日照平均时间大约 2 300 h,拥有较长的无霜期,约占全年的 2/3,降水量近几年变化较大,年降雨量在 600～700 mm 之间。焦作煤矿区 2020 年降水量统计见图 2-2。春季气候干燥多风,夏季气候炎热多雨,秋季气候适宜,冬季气候寒冷。据焦作气象站 2017—2021 年的气温观测资料(见图 2-3),近 5 年来平均

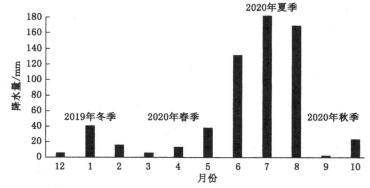

图 2-2　焦作煤矿区 2019 年 12 月至 2020 年 10 月降水量统计图

气温在 14 ℃左右浮动,6 月是最热的月份,月平均气温在 23~34 ℃之间;最冷的月份是 1 月,月平均气温在-2~6 ℃之间。自然灾害天气主要有雷击、大风、暴雨和冰雹等。

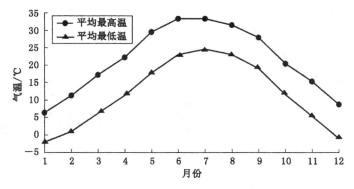

图 2-3　焦作 2017—2021 年月平均气温变化趋势

焦作地区水资源丰富,境内河流众多,流域面积在 1 000 km² 以上的河道有 5 条,除黄河、沁河 2 条大型河道外,还有 3 条中型河道,分别是丹河、大沙河和蟒河,见图 2-4。除了拥有丰富的地表水资源外,该地区还是天然的地下水汇集盆地,已探明的地下水储量高达 35.4 亿 m³,在华北地区属于富水区。矿区内丹河发源于山西境内,属常年性河流;季节性河流有山门河和西石河,经常处于干涸状态。

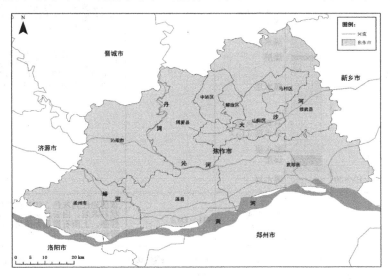

图 2-4　焦作区域主要水系图

2.1.2 构造地质条件

1. 地层与岩性

焦作煤矿区的岩石地层由上至下分别包括第四系松散沉积物、新近系砂质泥岩、三叠纪砂质页岩、二叠系和石炭系含煤岩层、寒武系和奥陶系碳酸盐岩、震旦系石英砂岩和太古界变质岩,而缺少的普遍岩层则有石炭系下统、奥陶系上统等。焦作煤矿区主要地层柱状图如图 2-5 所示。

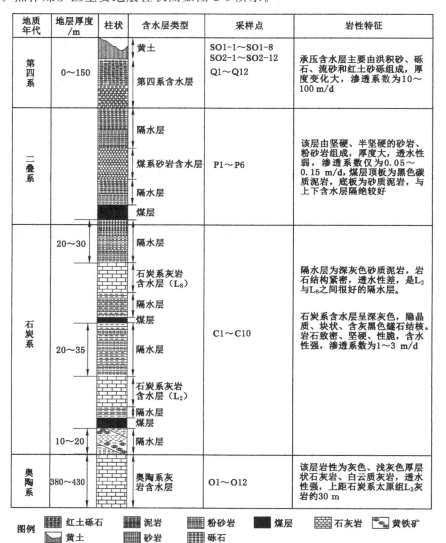

地质年代	地层厚度/m	柱状	含水层类型	采样点	岩性特征
第四系	0～150		黄土 第四系含水层	SO1-1～SO1-8 SO2-1～SO2-12 Q1～Q12	承压含水层主要由洪积砂、砾石、流砂和红土砂砾组成,厚度变化大,渗透系数为10～100 m/d
二叠系			隔水层 煤系砂岩含水层 隔水层 煤层	P1～P6	该层由坚硬、半坚硬的砂岩、粉砂岩组成,厚度大,透水性弱,渗透系数仅为0.05～0.15 m/d,煤层顶板为黑色碳质泥岩,底板为砂质泥岩,与上下含水层隔绝较好
石炭系	20～30 20～35 10～20		隔水层 石炭系灰岩含水层(L8) 隔水层 煤层 隔水层 石炭系灰岩含水层(L2) 隔水层 煤层 隔水层	C1～C10	隔水层为深灰色砂质泥岩,岩石结构紧密,透水性差,是L2与L8之间很好的隔水层 石炭系含水层呈深灰色,隐晶质、块状、含灰黑色燧石结核。岩石致密、坚硬、性脆,含水性强,渗透系数为1～3 m/d
奥陶系	380～430		奥陶系灰岩含水层	O1～O12	该层岩性为灰色、浅灰色厚层状石灰岩、白云质灰岩,透水性强,上距石炭系太原组L2灰岩约30 m

图例　▨ 红土砾石　▨ 泥岩　▨ 粉砂岩　■ 煤层　▨ 石灰岩　▨ 黄铁矿
　　　▨ 黄土　▨ 砂岩　▨ 砾石

图 2-5　焦作煤矿区主要地层柱状图

2. 地质构造

焦作煤矿区地质构造复杂,很大原因就是错综复杂的断层切割含水层导致的,高角度正断层是矿区的主要断层,倾斜角范围一般为 10°~20°,与北东向压扭性断层对比,近东西向、北西向张扭性断层裂隙发育较弱,三组不一样方向的断层相互切割,将煤田切分成大小不一的断块,进而破坏了矿区含水层自身的独立性,使矿区地下主要含水层之间的水力联系加强。位于太行山山前地带的凤凰岭断层呈东西走向,导水性和富水性强,将沿东北—西南方向延伸的九里山断层错位截断。39 号井断层位于朱村矿附近,西南端与朱村断层相交,该断层使石炭系灰岩含水层与奥陶系灰岩发生对接。朱村断层属区域性大断层,北盘与南盘间落差巨大,使北部奥陶系灰岩含水层和南部的石炭-二叠系地层相接,将岩溶水隔绝在断层以北。除此之外,区域内对地下水径流有较强影响的断层还有方庄断层、赵庄断层、三号井断层、王封断层等,如图 2-6 所示。

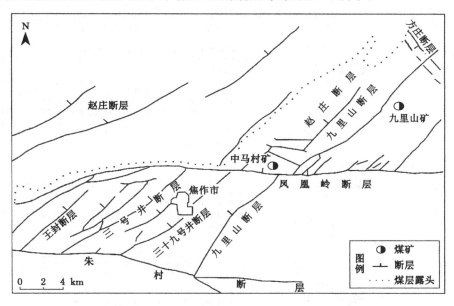

图 2-6　焦作煤矿区断层构造图

2.1.3　水文地质条件

受多组高角度断层控制影响,焦作煤矿区水文地质条件极其复杂。在煤矿开采的影响下,地下不同含水层地下水发生了不同程度的混合。深层地下水除了接受上层含水层的越流补给外,在矿区西北部山区裸露着 1 000 多平方千米以碳酸盐岩为主的石灰岩,天然的补给条件使深层灰岩水能够受到降水的直接补给。根据各地层的岩性、厚度及埋藏条件,将地下含水层划分成 4 种类型,分别为第四系孔隙含水层、二叠系砂岩含水层、石炭系灰岩含水层以及奥陶系灰岩含水层。那么,区域内新近系、第四系、二叠系、石炭系地层中的泥质碎屑岩类可视为阻挡水力联系的隔水层。焦作煤矿区主要含水层水文地质柱状图见图 2-7。

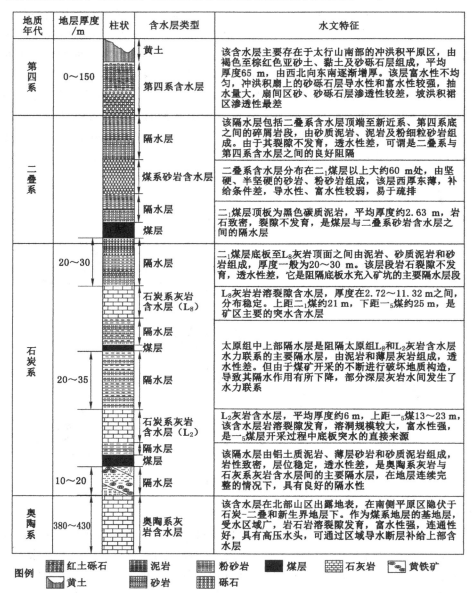

地质年代	地层厚度/m	柱状	含水层类型	水文特征
第四系	0～150		黄土 第四系含水层	该含水层主要存在于太行山南部的冲洪积平原区,由褐色至棕红色亚砂土、黏土及砂砾石层组成,平均厚度65 m,由西北向东南逐渐增厚。该层富水性不均匀,冲洪积扇上的砂砾石层导水性和富水性较强,抽水量大,扇间区砂、砂砾石层渗透性较差,坡洪积裙区渗透性最差
二叠系			隔水层	该隔水层包括二叠系含水层顶端至新近系、第四系底之间的碎屑岩段,由砂质泥岩、泥岩及粉细粒砂岩组成。由于其裂隙不发育,透水性差,可谓是二叠系与第四系含水层之间的良好阻隔
			煤系砂岩含水层	二叠系含水层分布在二$_1$煤层以上大约60 m处,由坚硬、半坚硬的砂岩、粉砂岩组成,该层西厚东薄,补给条件差,导水性、富水性较弱,易于疏排
			隔水层 煤层	二$_1$煤层顶板为黑色碳质泥岩,平均厚度约2.63 m,岩石致密,裂隙不发育,是煤层与二叠系砂岩含水层之间的隔水层
石炭系	20～30		隔水层	二$_1$煤层底板至L$_8$灰岩顶面之间由泥岩、砂质泥岩和砂岩组成,厚度一般为20～30 m。该层段岩石裂隙不发育,透水性差,它是阻隔底板水充入矿坑的主要隔水层段
			石炭系灰岩含水层(L$_8$)	L$_8$灰岩岩溶裂隙含水层,厚度在2.72～11.32之间,分布稳定。上距二$_1$煤约21 m,下距一$_5$煤约25 m,是矿区主要的突水含水层
	20～35		隔水层 煤层 隔水层	太原组中上部隔水层是阻隔太原组L$_8$和L$_2$灰岩含水层水力联系的主要隔水层,由泥岩和薄层灰岩组成,透水性差。但由于煤矿开采的不断进行破坏地质构造,导致其隔水作用有所下降,部分深层灰岩水间发生了水力联系
			石炭系灰岩含水层(L$_2$)	L$_2$灰岩含水层,平均厚度约6 m,上距一$_5$煤13～23 m,该含水层岩溶裂隙发育,溶洞规模较大,富水性强,是一$_5$煤层开采过程中底板突水的直接来源
	10～20		隔水层 煤层 隔水层	该隔水层由铝土质泥岩、薄层砂岩和砂质泥岩组成,岩性致密,层位稳定,透水性差,是奥陶系灰岩与石炭系灰岩含水层间的主要隔水层,在地层连续完整的情况下,具有良好的隔水性
奥陶系	380～430		奥陶系灰岩含水层	该含水层在北部山区出露地表,在南侧平原区隐伏于石炭-二叠和新生界地层下。作为煤系地层的基底层,受水区域广,岩石岩溶裂隙发育,富水性强,连通性好,具有高压水头,可通过区域导水断层补给上部含水层

图例 ▦ 红土砾石 ▓ 泥岩 ▦ 粉砂岩 ■ 煤层 ▦ 石灰岩 ▱ 黄铁矿
      ◹ 黄土 ▦ 砂岩 ▦ 砾石

图 2-7 焦作煤矿区水文地质柱状图

2.2 平顶山煤矿区水文地质条件分析

2.2.1 自然地理条件

1. 地理位置

平顶山煤矿区地处河南省中南部平顶山市,属于伏牛山与黄淮平原相交的位置,分布于襄城县、郏县、宝丰县和平顶山市的境内。而十三矿属于平顶山煤田的下属矿井,地理坐标为:东经 113°15′50.4″~113°27′15.9″,北纬 33°48′54″~33°59′12″,距离襄城县与郏县较近,分属于两县共同管辖,见图 2-8。矿井周边交通位置比较便利,京广铁路、焦枝铁路和漯宝铁路在矿区左右纵横,还有铁路专线负责连接各个矿井,井田铁路与许昌—禹州的铁路相接。周边公路密布,各种国道、省道和县级公路负责连接矿区与周围省、市、县的交流。平顶山煤矿区北部有襄郏公路通过,矿区在襄城县区域内与许昌—南阳公路相连。

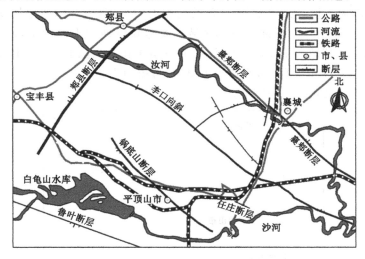

图 2-8 平顶山煤矿区地理位置图

2. 气象水文

平顶山煤矿区属于暖温带和北亚热带气候交错的区域,四季分明,其月平均降雨量主要受季风影响,多集中在夏季(见图 2-9),但区域降水量低于蒸发量,相对湿度较低,冰冻期大致由 12 月到次年 3 月。平顶山地区全年平均温度在12~22 ℃之间,温度最高月份为 7 月。平顶山市地表水体较多,但都属于淮河流域沙颖水系,水体流域所占区域大致为 5 670 km²,水资源量十分丰富,修建了约 170 座各种类型的水库,水资源总量大约为 18.34 亿 m³。

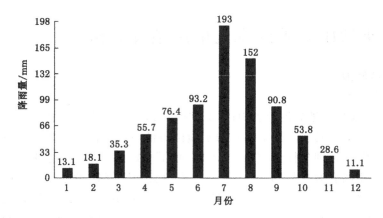

图 2-9　平顶山多年平均月降雨量

3. 地形地貌

平顶山地区地形比较复杂,包含的地貌类型丰富,由东向西地势逐渐变缓,海拔降低,见图 2-10。东部和南部区域主要地貌以冲积平原为主,地区海拔在 75～80 m。西部地形主要以山地为主,包含五节山、马棚山和孟良山等山峰,海拔在 500～1 000 m 之间,最高峰为玉皇顶,海拔约为 2 153.1 m。丘陵主要分布于山地与平原之间的中部地带。

图 2-10　平顶山地形地貌图

2.2.2　区域地层概况

1. 地层岩性

平顶山地区地层分布比较完整,由下部地层至上部地层分别为前震旦系嵩山群、震旦系、寒武系、石炭系、二叠系、三叠系、第四系。区域地层图由老到新见图 2-11。

地质年代	系	组	柱状	厚度/m	岩性特征
新生代	第四系			0~150	以砾石、卵石、砂为主，混杂亚砂土及亚黏土
	第三系			200	下部为杂色砂岩，钙质胶结；中上部为褐黄、灰白色砂质泥岩
				430~2 460	暗红色红层状长石砂岩，局部含砾石
中生代	三叠组	二马营群		125~250	紫红色中、细粒砂岩夹钙质粉砂岩
		刘家沟组		125~250	由紫红色及黄绿色长石、石英砂岩、长石砂岩组成
上古生代	二叠系	石千峰组		212~312	主要由紫红色、黄色砂岩、砂质泥岩组成
		上石盒子组		163~390	由紫色、灰色砂岩、砂质泥岩、煤线或薄煤层组成
		下石盒子组		161~397	由砂岩、泥质砂岩、泥岩及煤层组成，三（戊）组、四（丁）组、五（丙）组煤层为区域局部可采煤层
		山西组		84	由砂岩、砂质泥岩及煤层组成，二（己）组煤层厚度大，为区域主要可采煤层
	石炭系	太原组		30~80	由灰岩与砂岩、砂质泥岩、煤层组成
		本溪组		0~20	由褐红色褐铁矿、铝质泥岩组成
下古生代	奥陶系	马家沟组		0~48	由砂质泥岩、砂岩、页岩、白云岩和厚层状角砾状灰岩组成
	寒武系	凤山组		0~38	由隐晶白云质灰岩、薄层泥岩、燧石团块及条带、灰质白云岩组成
		长山组		0~66	由白云质灰岩、泥岩、白云岩组成
		崮山组		25~32	细晶白云岩
		张夏组		60~220	主要为鲕粒白云岩
		徐庄组		50~250	青灰色中厚层状泥质条带灰岩
		毛庄组		90~140	暗紫色、灰绿色粉砂岩，层面含大量云母片
		馒头组		220	主要为紫红色页岩、灰岩
		辛集组		55~210	主要为中粗粒石英砂岩、深灰色豹皮灰岩、白云质灰岩，与下部地层呈假整合接触

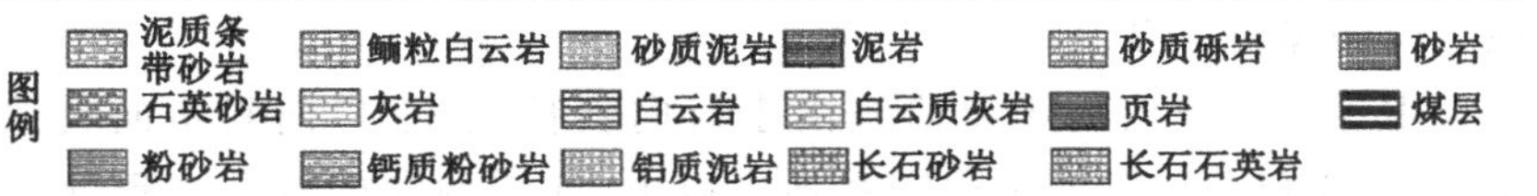

图例

泥质条带砂岩　鲕粒白云岩　砂质泥岩　泥岩　砂质砾岩　砂岩
石英砂岩　灰岩　白云岩　白云质灰岩　页岩　煤层
粉砂岩　钙质粉砂岩　铝质泥岩　长石砂岩　长石石英岩

图 2-11　平顶山煤矿区区域地层图

2. 地质构造

十三矿属于平顶山煤田位于昆仑—秦岭纬向褶皱带东段北亚支南侧与嵩淮弧的复合部位,位于襄郏背斜、灵武山向斜及白石山背斜的接合部。矿井区域内分布着不同级别、序次的断层和褶皱。在井田范围内存在许多对于地下水径流影响较大的断层或褶皱,其分布如图 2-12 所示。

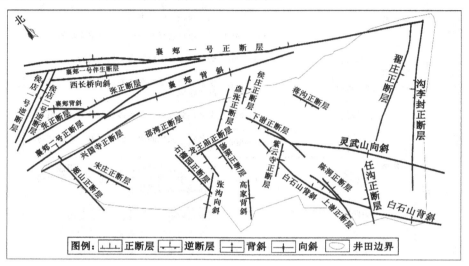

图 2-12　平顶山煤十三矿构造纲要图

井田内已发现对煤层完整性破坏较严重的断层有 26 条之多,还发现 8 条落差小于 30 m 的正断层,仅影响局部的一些煤层变化。其中,一些较大的断层主要包括:① 兴国寺正断层,全长大约为 5 100 m,走向 300°,倾向 30°,倾角 77°,该断层组成了十三矿西北部的井田边界。② 襄郏一号正断层,走向 315°,倾向 45°,位于第四系地层之下,由郏县东部开始向襄阳东南方向延伸,形成了矿区的东北方向上的自然边界。③ 白石沟逆断层,走向 320°,倾向 230°,与矿区砂岩层在地表重复,继而在该区域的地形比较陡峭。④ 锅底山正断层,走向 320°,倾向 230°,倾角 30°～60°,断层附近的岩层变化较大,断层上盘表现为背斜地形,主要是上盘的岩层受到拖拽作用。⑤ 沟里封正断层,位于八里营和西沟李封一带,走向 235°,倾向 325°,倾角 52°,该断层由多个钻孔可见控制,地处矿井东部位置作为该方向的煤田边界。

平顶山煤田区域内的主要褶皱由李口向斜控制,李口向斜走向大致为北西—南东,在李口西位置处于第四系地层以下,向斜两翼的倾角大致处于 8°～25°,大致对称。次一级的褶皱断层包括襄郏背斜、景家洼向斜、灵武山向斜和白石山背斜,均位于李口向斜北翼区域,向斜两翼呈扇形分布,两翼倾角较小,表现出宽缓的特点,而背斜大致表现为窄陡的特点。

2.2.3　区域水文地质条件

平顶山煤矿区位于汝河和沙河两大地表水体之间,处于分水岭的位置。其地层在剖面上呈现为地垒型的向斜构造,主要受李口向斜的控制,向斜的轴部方向为北西—东南向,向东部翼微微翘起表现为收敛状态,而向斜西部则表现为向张寨方向倾斜。十三矿位于平顶山煤田东北,在李口向斜的东北方向,贴近汝河,襄郏一号正断层作为十三矿的东北边界。

1. 地表水体

平顶山煤矿区的地表水属于淮河支流,湛河流经煤田的东北区域,宽度大致为 50 m。沙河则是平顶山矿区的东部边界,流量变化在 0.80~5 210 m³/s 之间,上游处建造有 2 座水库,分别为昭平台水库与白龟山水库。区域地表水与矿区可开采的煤系地层之间存在着 300~450 m 厚度的第四系黏土层间隔,故对煤矿的开采工作影响不大。平顶山煤田地质剖面图见图 2-13。

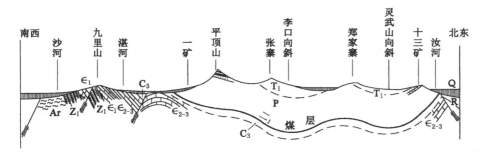

图 2-13　平顶山煤田地质剖面图

十三矿矿区范围内的地表水体只有汝河,属于沙河的支流,汝河盘曲经过矿区,流域所占的面积大致为 5 670 km²,年径流量为 10.27~20.11 亿 m³。由于汝河的河谷与矿的主要构造大致平行分布,河谷穿越切开的地层较少,造成河水通过渗漏等方式对砂砾石含水层进行补给,然后再越流补给下部地层,对浅部含煤地层的开采有一定的威胁。但随着浅部煤层的开采殆尽,煤炭开采逐步向深部开挖,汝河水的回灌对开采的影响越来越小。

2. 含水层

平顶山煤田根据地层岩性、水化学特征以及含水层的埋藏条件,可以将对煤炭开采影响较大的含水层分为 4 个类别。由上到下分别为第四系孔隙含水层、二叠系砂岩含水层、石炭系灰岩含水层以及寒武系灰岩含水层,其主要特征为:

（1）第四系孔隙含水层

第四系含水层中的 $Q_{上}$、$Q_{下2}$、$Q_{下1}$ 覆盖在浅部煤层的露头区域之上，作为煤层突水时的间接补给来源。$Q_{上}$ 含水层处于汝河冲积平原之下，其地层主要由砂砾石组成，一般厚度为 23～42 m，渗透系数大致为 1.3～26.2 m/d。$Q_{下2}$ 含水层的地层主要由河床和河漫滩相的沙砾石组成，从西南向东北方向地层埋深逐渐增加，顶板的埋深平均为 18 m，渗透系数为 6.55 m/d。$Q_{下1}$ 含水层主要由砂砾石组成，顶板埋深较深，为 80～130 m，渗透系数较低，为 0.008 3 m/d。

（2）二叠系砂岩含水层（煤层顶板）

$乙_{2下}$ 由多层细粒和中粒的砂岩构成，该层砂岩的裂隙发育等级较低，且表面比较光滑，渗透系数为 0.001 1～0.064 4 m/d，岩层平均厚度大致为 12 m，含水层的透水能力较低，单位涌水量也比较低。$二_1$ 煤顶板砂岩含水层的砂岩颗粒分布不均匀，裂隙比较发育，方解石常填充该裂隙，由西向东岩层厚度逐渐增加，厚度为 5.49～47.65 m，变化范围比较大。含水层的渗透能力较差，涌水量较低，由煤炭开采实践可知，砂岩含水层含水性也比较低。

（3）石炭系灰岩含水层

该含水层主要由石灰岩、砂岩、泥岩与煤组成，其中包含总厚度为 20 m 的多层灰岩，其太原组的总厚度为 50～75 m。浅部岩溶含水层裂隙发育，受地质构造控制表现为羽毛状护着网格状，主要被方解石填充。随着深度的不断增加，裂隙和溶洞的数量逐渐减少。由钻孔资料可知，该组的涌水量较大，而且底板承压水压较大，对于煤炭的开采工作威胁最大。石炭系含水层主要被大气降水通过地层露头区域进行补给，或者通过邻近含水层进行越流补给，地下水在含水层中主要存在于裂隙或溶洞中。

（4）寒武系灰岩含水层

该含水层在十三矿的地表出露位置，位于第四系含水层的弱补给区域之下，岩溶裂隙发育等级较低。矿井区域的 32 个钻孔资料均能够发现寒武系灰岩，岩层厚度变化较大，为 0.55～92.86 m。渗透系数为 0.084 m/d，地下水的矿化程度大致为 0.77 g/L。

3. 隔水层

（1）第四系底板隔水层

$Q_{上}$ 底板隔水层区域范围相较于 $Q_{上}$ 含水层来说比较小，主要由黏土矿物构成，厚度平均为 19 m，能够在一定程度上隔绝地下水的流动。$Q_{下2}$ 底板隔水层由黏土构成，两边向中心区域厚度逐渐变薄，厚度范围为 0.7～49.4 m，但是隔水层范围内部分位置可能存在"天窗"，故该隔水层为相对隔水层。

（2）二叠系煤系地层

该地层主要由泥岩、砂质泥岩构成,厚度较大。该地层主要隔绝了岩溶水的上下运动,形成岩溶顶板隔水边界。将砂岩含水层中的含煤段相互隔离起到了相对隔水层的效果,使得它们之间的水力联系减弱甚至变无。

(3)寒武系下统馒头组红色泥岩

该地层作为形成岩溶水的底部隔水边界,地层厚度约为 200 m。铝土泥岩位于 L_7 灰岩与寒武系灰岩之间,作为两个地层之间的隔水层。铝土泥岩的厚度十分不均匀,厚度在 1～15 m 之间,一般厚度在 2～3 m。由于岩溶水的水压与周围地质构造等因素影响,在实际开采过程中,该隔水层的隔水效果较差。

4. 区域地下水的补给径流及排泄条件

襄郏一号正断层等一系列断层褶皱构造形成了矿井的自然边界,隔绝了其他区域地下水对井田内部的侧向补给,造成十三矿成为一个相对独立的地质单元。十三矿内的基岩地下水主要依靠地表水和大气降水补给,先从第四系松散层的垂直向下通过渗流的方式补给,而后可以采用越流补给的方式补给下层的砂砾岩含水层或者碳酸盐岩裂隙溶洞水,其补给强度受第四系含水层的岩性等因素控制,而补给量则依赖于含水层的导水空间发育情况。在十三矿区域范围内,只要是含水层的基岩露头区域低于侵蚀基准面,该含水层都受第四系孔隙含水层的入渗补给。

根据矿井内部含水层的倾斜方向和坡度,可以知道地下水的流向由北西向南东方向运动。煤炭开采影响了自然状态下地下水的径流方向和速度,在采区的排水点形成降深漏斗,地下水沿着漏斗边缘和背斜的中轴逐渐往漏斗中心移动。由于十三矿的含水层位置较深,蒸发影响较小,可视为无蒸发,所以地下水的排泄方式主要包含:矿坑排水、人工开采以及沿着地下水的径流路径排出。

参 考 文 献

陈立,万力,张发旺,等,2015.焦作矿区含水岩组间水力联系特征[J].南水北调与水利科技,13(2):330-333.

陈陆望,殷晓曦,刘鑫,等,2013.华北隐伏型煤矿地下水水化学演化多元统计分析[J].煤田地质与勘探,41(6):43-48.

丁风帆,2021.典型华北型开采煤田水源判别模型及水文地球化学模拟:以平煤十三矿为例[D].焦作:河南理工大学.

董书宁,郭小铭,刘其声,等,2020.华北型煤田底板灰岩含水层超前区域治理模式与选择准则[J].煤田地质与勘探,48(4):1-10.

甘容,2009.平煤十三矿矿井涌水量数值模拟与预测[D].焦作:河南理工大学.

高贵生,2013.平煤十三矿水文地质特征及充水因素分析[J].中小企业管理与科技(上旬刊),7:183-185.

黄平华,陈建生,宁超,2012.焦作矿区地下水中氢氧同位素分析[J].煤炭学报,37(5):770-775.

李七明,翟立娟,傅耀军,等,2012.华北型煤田煤层开采对含水层的破坏模式研究[J].中国煤炭地质,24(7):38-43.

潘国营,甘容,刘永林,2009.平煤十三矿水文地质条件及突水机理分析[J].煤矿安全,40(9):96-98.

钱声源,张乾坤,陈从建,等,2020.焦作地区地下水水化学特征分析及水质评价[J].长江科学院院报,37(4):30-36.

孙越英,王兴民,阳结华,2006.焦作煤矿区矿坑排水对地下水环境的影响[J].资源调查与环境,27(4):317-324.

孙越英,徐宏伟,王子刚,等,2006.焦作煤矿区主要环境地质问题与对策研究[J].地质灾害与环境保护,17(3):5-9.

涂克谦,宣孝忠,2010.平煤十三矿底板承压水害分析及区域综合治理[J].中州煤炭,06:109-111.

王双明,2020.对我国煤炭主体能源地位与绿色开采的思考[J].中国煤炭,46(2):11-16.

王双明,段中会,马丽,等,2019.西部煤炭绿色开发地质保障技术研究现状与发展趋势[J].煤炭科学技术,47(2):1-6.

许江涛,刘超,文广超,2013.平煤十三矿防治水研究[J].科技视界,11:164.

杨光,2018.寒武灰岩地热水中氡的赋存特征及影响因素研究:以平煤十三矿为例[D].焦作:河南理工大学.

杨光,王建旺,2018.平煤十三矿地热水水化学特征研究[J].内蒙古煤炭经济,13:26.

HEK Q,GUO L,GUO Y Y,et al.,2019. Research on the effects of coal mining on the Karst hydrogeological environment in Jiaozuo mining area,China[J]. Environmental earth sciences,78(15):434.

HUANG P H,WANG X Y,2018. Piper-PCA-fisher recognition model of water inrush source:a case study of the Jiaozuo mining area[J]. Geofluids,2018:9205025.

YANG Z Y,HUANG P H,DING F F,2020. Groundwater hydrogeochemical mechanisms and the connectivity of multilayer aquifers in a coal mining region[J]. Mine water and the environment,39(4):808-822.

第 3 章　矿井地下水水化学特征

3.1　地下水水化学基本成分

地下水不是纯水,而是复杂的溶液。赋存于岩石圈中的地下水,不断与岩石发生化学反应,在与大气圈、水圈和生物圈进行水量交换的同时,交换化学成分。人类活动对地下水化学成分的影响,已经深刻改变了地下水的化学面貌。

地下水的化学成分是地下水与环境长期相互作用的产物。一个地区地下水的化学面貌,反映了该地区地下水的历史演变。研究地下水的化学成分,可以帮助我们重塑一个地区的水文地质历史,阐明地下水的起源与形成。地下水中含有各种气体、离子、胶体物质、有机质及微生物等,它们共同构成地下水的基本特征。

1. 地下水中的主要气体成分

地下水中常见的气体成分有 O_2、N_2、CO_2、CH_4、H_2S 等,以前 3 种为主。通常,地下水中气体含量不高,每升水中仅有几毫克到几十毫克。地下水中的气体成分不仅能反映地下水所处的环境状况,而且还能增加水的溶解能力。

2. 地下水中的溶解性总固体及主要离子

溶解性总固体是指溶解在水中的无机盐和有机物的总称(不包括悬浮物和溶解气体等非固体组分),用 TDS 表示。

按溶解性总固体含量(g/L),将地下水分类如下:淡水<1 g/L;微咸水 1～3 g/L;咸水3～10 g/L;盐水 10～50 g/L;卤水>50 g/L。地下水中分布最广、含量较多的离子共有 7 种,其中阴离子有 3 种:氯离子(Cl^-)、硫酸根离子(SO_4^{2-})和重碳酸根离子(HCO_3^-);阳离子有 4 种:钙离子(Ca^{2+})、钠离子(Na^+)、钾离子(K^+)和镁离子(Mg^{2+})。构成这种离子分布的原因,是因为这些离子的元素在地壳中的含量高,且易溶于水,如 O、Ca、Mg、Na、K 元素;或是虽然元素在地壳中含量不是很大,但它易溶于水,如 Cl 元素和 S 元素。而 Si、Al、Fe 等元素虽然在地壳中含量很高,但很难溶于水,其在地下水中的含量并不高。

3. 地下水中的其他成分

地下水中除含上述离子外,还含有 Fe^{3+}、Mn^{2+}、Fe^{2+}、H^+、OH^- 等。

地下水中微量组分有 Br、I、F、Ba、Li、Sr、Se、Co、Mo、Cu 等,微量元素除了说明地下水来源外,其含量过高或过低,都会影响人体健康。

本章将以焦作煤矿区为例,阐述煤田地下水的水化学特征。

3.2 空间分布特征

3.2.1 水化学离子浓度空间分布特征

水化学数据可以反映地下水水质的综合性质和本质特征。对主要含水层地下水中的水化学常规组分进行统计分析,运用数理统计法、克里金插值法可以直观地获得地下水典型离子的空间分布规律。

天然水体中的水化学组分往往能够反映水体径流过程中的水化学变化,对焦作煤矿区水中的水化学常规组分进行统计分析,如表 3-1 所示。水化学参数随深度变化如图 3-1 所示。

表 3-1 地下水水化学参数的统计特征值

含水层	名称	含量/(mg/L)								TDS 值 /(mg/L)	pH 值	EC 值 /(mS/cm)	温度 /℃
		K^+	Na^+	Mg^{2+}	Ca^{2+}	HCO_3^-	Cl^-	F^-	SO_4^{2-}				
第四系	平均值	7.59	89.83	40.73	73.98	347.66	51.54	3.04	132.96	781.23	7.89	0.69	18.04
	最大值	32.00	259.60	110.90	136.00	510.80	246.50	6.50	354.00	1 728.60	8.90	1.28	20.60
	最小值	0.50	2.00	6.10	24.90	193.80	10.00	1.00	29.50	365.80	7.49	0.33	14.60
	标准差	8.78	86.44	30.09	38.61	123.62	65.62	1.78	114.20	395.53	0.43	0.30	2.41
二叠系	平均值	14.90	163.97	14.05	36.60	549.13	22.25	2.25	30.00	781.87	7.87	0.65	20.30
	最大值	27.00	281.60	46.70	98.20	685.20	61.00	5.50	133.00	989.70	8.80	1.00	22.60
	最小值	0.60	2.20	0.50	4.30	288.90	8.00	0.00	1.50	469.70	6.87	0.35	18.70
	标准差	10.51	99.54	17.31	36.26	147.01	20.21	1.81	52.45	189.51	0.80	0.22	1.39
石炭系	平均值	3.08	39.14	22.78	65.46	284.16	18.75	2.60	56.50	495.12	7.53	0.40	20.26
	最大值	11.00	162.50	43.80	145.40	367.70	69.50	5.50	217.00	838.30	8.18	0.74	25.40
	最小值	0.50	3.60	2.20	2.90	185.50	5.00	1.00	2.50	365.60	7.15	0.29	18.20
	标准差	4.11	54.25	12.06	40.50	48.68	22.93	1.24	63.69	146.64	0.30	0.16	2.10
奥陶系	平均值	2.16	20.29	20.68	61.71	233.75	6.00	1.71	55.88	411.23	7.56	0.32	17.45
	最大值	7.20	90.40	33.50	115.50	301.80	16.00	4.00	183.50	697.30	9.00	0.52	24.60
	最小值	0.50	2.50	9.20	6.50	42.40	1.50	0.50	20.50	303.70	5.81	0.10	12.10
	标准差	2.47	24.59	6.46	24.20	70.09	4.43	1.18	52.74	105.79	0.75	0.10	3.56

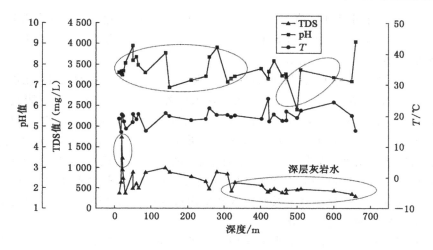

图 3-1　水化学参数随深度变化

由表 3-1 和图 3-1 可知,焦作煤矿区不同含水层地下水中水化学组分的含量变化存在较大差异,虽然随着含水层深度的增加分布不均匀,但在空间上仍呈现一定的分布规律。第四系孔隙水中阳离子以 Ca^{2+}、Mg^{2+} 和 Na^+ 为主,石炭系灰岩水与奥陶系灰岩水阳离子以 Ca^{2+}、Mg^{2+} 为主,二叠系砂岩水中 Na^+ 含量较高,平均值为 163.97 mg/L。地下水中阴离子主要以 HCO_3^- 和 SO_4^{2-} 为主,二叠系砂岩水中 HCO_3^- 含量最大,平均值为 549.13 mg/L,而奥陶系灰岩水中 HCO_3^- 含量最小,平均值为 233.75 mg/L。地下水中阳离子含量关系为:第四系孔隙水与二叠系砂岩水中 $Na^+ > Ca^{2+} > Mg^{2+}$,石炭系灰岩水与奥陶系灰岩水中 $Mg^{2+} > Na^+ > Ca^{2+}$。在阴离子中,所有水样的 Cl^- 均符合饮用标准浓度(250 mg/L),但第四系孔隙水中有两个水样的 SO_4^{2-} 值超出饮用标准浓度(250 mg/L),这可能与强烈的蒸发作用、农业活动、煤矸石堆积淋滤有关。F^- 变化稳定,均值为 2.41 mg/L,部分水样超过地下水饮用标准,因此在作生活用水利用时要经过适当处理。

pH 是表征自然界水体酸碱性的最常用指标,在自然界水域中由于存在着酸碱的共轭与缓冲功能,因此水体 pH 值一般在 6～9。焦作煤矿区地下水 pH 平均值约为 7.7,属弱碱性水;TDS 是对流域内水体水质评价的主要指标之一,其分布特点受自然界、人类社会活动等要素的共同制约,焦作煤矿区地下水中 TDS 均值分别为第四系孔隙水 781.23 mg/L,二叠系砂岩水 781.87 mg/L,石炭系灰岩水与奥陶系灰岩水分别为 495.12 mg/L、411.23 mg/L。从总体来看,各含水层中地下水的矿化度不高。电导率能够直观地反映天然溶液中总溶解的离子含量，一般水中 EC 值在 $0.1 \sim 1.28$ mS/cm 之间变化，与 TDS 有着较好的相关性，第四系含水层的 TDS 值与 EC 值高于其他含水层，可能是人为污染或含水层水体间的混合作用造成的。

图 3-1 显示了 TDS、pH 与温度随着水样深度增加产生的变化，能够发现 pH 值基本保持在 7.5 左右。除第四系含水层外，在 150 m 和 300 m 附近 TDS 值较高，这可能是由于煤矿开采导致的。深层灰岩水 TDS 值比较低，说明深层灰岩水受到的污染较少，水质良好，这与其所处的含水层特性有关。矿区地下主要含水层水质温度差异较小，变化相对平稳，随着深度的增加，温度先呈上升趋势，但在 400 m 和 600 m 处突然下降，可能是与相邻含水层水体发生了混合。这些转折点表明在煤矿开采及研究区断层构造等地质条件的影响下含水层地下水发生了复杂的水化学变化。

为直观分析研究区地下水中典型离子的空间分布及特征，运用克里金插值法，采用 Surfer 软件绘制研究区主要含水层地下水中 TDS、Ca^{2+}、Mg^{2+}、SO_4^{2-}、Cl^-、HCO_3^- 空间分布图，如图 3-2～图 3-7 所示，其中深层灰岩水代表石炭系与奥陶系灰岩含水层地下水。

由图 3-2 可知，第四系孔隙水与二叠系砂岩水中的 TDS 值变化范围为 $365 \sim 1\,728$ mg/L，深层灰岩水 TDS 值的变化范围为 $303.7 \sim 838.3$ mg/L。北部山区奥陶系灰岩水 TDS 值含量相对较小，均处于 400 mg/L 以下。在东部煤矿区，深层灰岩水 TDS 值相对第四系孔隙水、二叠系砂岩水 TDS 值较低，最大值出现在第四系含水层中。矿区西南部附近各含水层地下水 TDS 值变化不大，均为 600 mg/L 左右。可见，不同区域 TDS 变化幅度较大，且不同含水层 TDS 空间变化规律不同，这可能与地下水的埋藏条件有关，第四系孔隙水埋藏较浅，受蒸发作用和人为输入的影响远强于深层灰岩水，同时深层灰岩水还接受北部山区低矿化度水补给，致使深层灰岩水 TDS 均值低于第四系孔隙水与二叠系砂岩水。

由图 3-3 可知，研究区内 Ca^{2+} 整体浓度不高，呈现一种沿北部山区—东部矿区—西南部矿区逐渐增加的趋势。矿区西南部 Ca^{2+} 浓度明显较高，最大值 145.4 mg/L 出现在该区域石炭系灰岩含水层中，最小值出现在九里山矿附近。各含水层地下水中 Ca^{2+} 浓度表现为第四系孔隙水＞深层灰岩水＞二叠系砂岩水，这与不同含水层中形成的沉积环境有关，二叠系含水层环境较为封闭，受到的离子交换作用较强烈，造成水中 Ca^{2+} 含量相对较低。

研究区 Mg^{2+} 与 Ca^{2+} 的空间分布特征基本一致，如图 3-4 所示。整体来看，焦作煤矿区地下水中 Mg^{2+} 浓度不高。第四系孔隙水与二叠系砂岩水 Mg^{2+} 浓度均值为 31.83 mg/L，最大值高达 110.9 mg/L，出现在东部矿区。与第四系孔

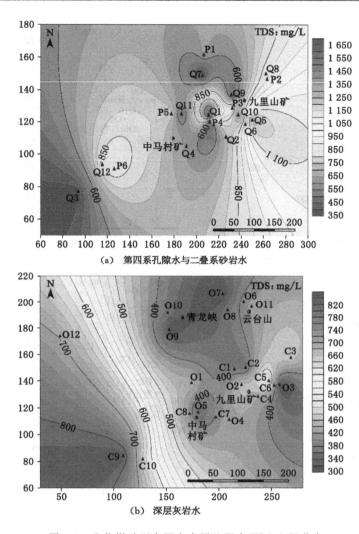

（a）第四系孔隙水与二叠系砂岩水

（b）深层灰岩水

图 3-2 焦作煤矿区主要含水层地下水 TDS 空间分布

隙水、二叠系砂岩水相比,深层灰岩水 Mg^{2+} 浓度均小于 50 mg/L,处于相对低值区,由东北向西南浓度逐渐增加,在西南部矿区附近出现最大值。

由图 3-5 可知,SO_4^{2-} 的分布规律与 TDS 基本一致,这是因为 SO_4^{2-} 是研究区地下水中的主要阴离子。第四系孔隙水与二叠系砂岩水 SO_4^{2-} 浓度均值为 98.64 mg/L,远高于深层灰岩水。在西南部矿区及九里山矿附近第四系孔隙水 SO_4^{2-} 浓度出现峰值,高达 354 mg/L,这可能是由于采煤过程中排放堆积的煤矸石废弃物经雨水淋滤后产生 SO_4^{2-},造成水中硫酸盐增多。在北部山区与东部矿

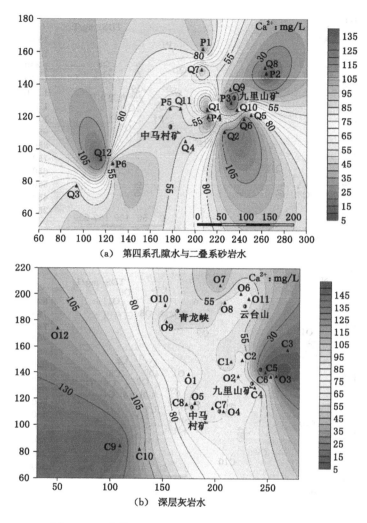

图 3-3 焦作煤矿区主要含水层地下水 Ca^{2+} 空间分布

区,深层灰岩水中 SO_4^{2-} 浓度较低,均小于 50 mg/L。

研究区主要含水层地下水 Cl^- 浓度变化范围为 $1.5\sim246.5$ mg/L,均值为 25.29 mg/L,变化差异较大。各含水层地下水 Cl^- 均值分别为第四系孔隙水 51.54 mg/L,二叠系砂岩水 22.25 mg/L,深层灰岩水 11.8 mg/L。可见,第四系孔隙水与二叠系砂岩水 Cl^- 浓度高于深层灰岩水。如图 3-6 所示,在九里山矿附近第四系孔隙水 Cl^- 浓度出现峰值,北部山区与东部矿区深层灰岩水 Cl^- 浓度相对较低,均处于 10 mg/L 以下,水质符合 I 类水标准,可作任何用途的水

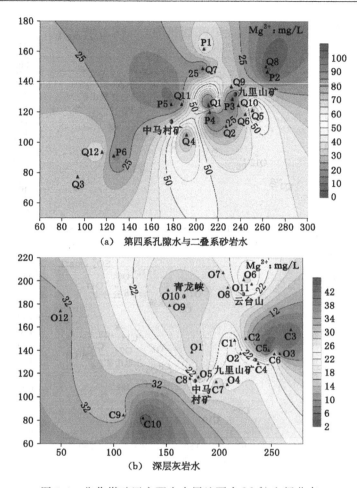

图 3-4 焦作煤矿区主要含水层地下水 Mg^{2+} 空间分布

源。矿区西南部附近各含水层地下水 Cl$^-$ 浓度变化不大,均处于 50~70 mg/L。

焦作煤矿区主要含水层地下水中 HCO$_3^-$ 浓度变化大,范围为 42.4~685.2 mg/L,空间纵向分布不均匀。第四系孔隙水与二叠系砂岩水 HCO$_3^-$ 浓度的变化范围是 193.8~685.2 mg/L,深层灰岩水 TDS 值的变化范围是 42.4~367.7 mg/L,均值分别为 414.82 mg/L 与 256.66 mg/L,各含水层地下水中 HCO$_3^-$ 浓度表现为二叠系砂岩水>第四系孔隙水>深层灰岩水。由图 3-7 可知,北部山区奥陶系灰岩水 HCO$_3^-$ 浓度变化不大,均处于 200~300 mg/L 之间,深层灰岩水呈现由东北向西南逐渐增大的趋势。在东部矿区,第四系孔隙水与二叠系砂岩水 HCO$_3^-$ 浓度普遍较高,最大值出现在九里山矿附近,除了阳离子

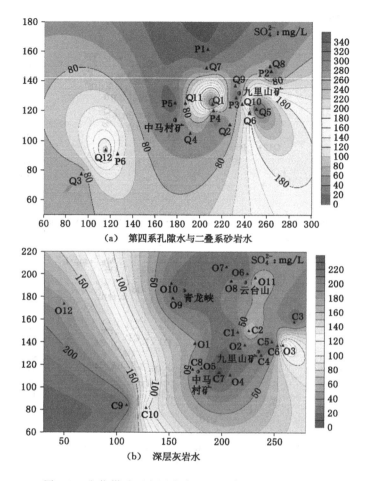

图 3-5　焦作煤矿区主要含水层地下水 SO_4^{2-} 空间分布

交替吸附作用的影响外,还可能是含水层中发生了碳酸盐岩、硅铝酸盐等矿物溶解或脱硫酸作用,使 HCO_3^- 浓度有所增加。

3.2.2　水化学类型空间分布特征

　　Piper 三线图能够解释很多水文地球化学问题,是现阶段水文地球化学研究中最常见的方法,它能够直观地反映出地下不同含水层的水化学类型,为地下水水化学变化提供参考依据。

　　由图 3-8 中可以看出,第四系水离子成分以 Ca^{2+}、Mg^{2+}、$Na^+ + K^+$、HCO_3^-、SO_4^{2-} 为主。Ca^{2+} 的摩尔百分比含量大部分在 20%～60% 之间;Mg^{2+} 的摩尔百分比含量在 20%～40% 之间;$Na^+ + K^+$ 的摩尔百分比含量在 20%～

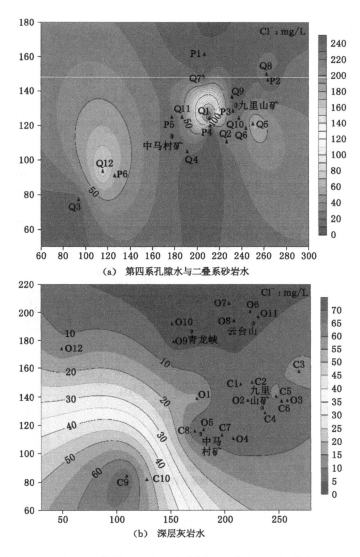

图 3-6　焦作煤矿区主要含水层地下水 Cl^- 空间分布

40％之间；HCO_3^- 的摩尔百分比含量在 40％～80％之间；SO_4^{2-} 的摩尔百分比含量在 10％～40％之间；Cl^- 的摩尔百分比含量在 0％～20％之间。水质类型主要呈 $Ca-Na-Mg-HCO_3$、$Na-Mg-Ca-HCO_3$ 等过渡类型，少量呈 $Na-HCO_3$ 型和 $Ca-Mg-HCO_3$、$Mg-Ca-HCO_3$ 型。因为水样 1、水样 2、水样 3 以钙镁离子为主，水样 4 呈 $Na-HCO_3$ 型水，与大部分水样分布不同。

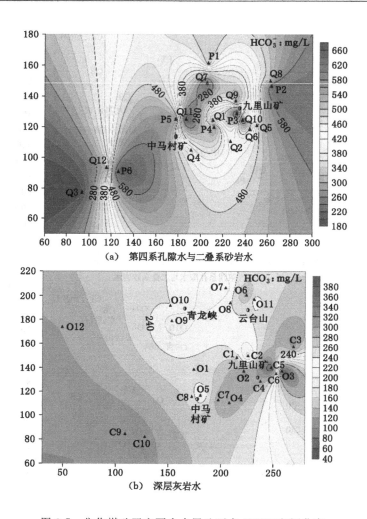

图 3-7　焦作煤矿区主要含水层地下水 HCO_3^- 空间分布

由图 3-9 可以看出,灰岩水样离子成分以 Ca^{2+}、Mg^{2+}、HCO_3^- 为主。Ca^{2+} 的摩尔百分比含量大部分在 $50\%\sim70\%$ 之间;Mg^{2+} 的摩尔百分比含量在 $20\%\sim40\%$ 之间;$Na^+ + K^+$ 的摩尔百分比含量在 $0\%\sim20\%$ 之间;HCO_3^- 的摩尔百分比含量在 $60\%\sim100\%$ 之间;SO_4^{2-} 的摩尔百分比含量在 $0\%\sim30\%$ 之间;Cl^- 的摩尔百分比含量在 $0\%\sim20\%$ 之间。水质类型主要呈 $Ca\text{-}Mg\text{-}HCO_3$ 型,少数呈 $Na\text{-}HCO_3$ 型、$Na\text{-}SO_4$ 型、$Ca\text{-}Na\text{-}Mg\text{-}HCO_3$ 型。由于水样 1 呈现混合 $Ca\text{-}Na\text{-}Mg\text{-}HCO_3$ 型,水样 2 呈现 $Na\text{-}SO_4$ 型,水样 3、4 呈现 $Na\text{-}HCO_3$ 型。

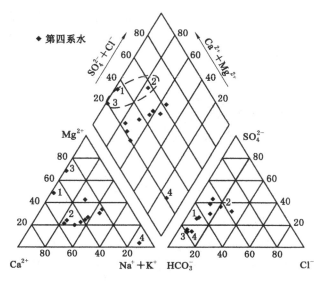

图 3-8　焦作煤矿区第四系水样 Piper 图

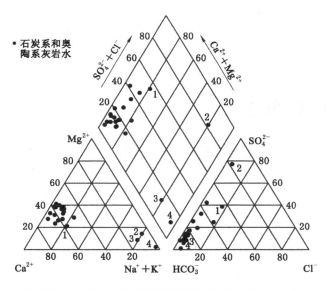

图 3-9　焦作煤矿区石炭系和奥陶系灰岩水样 Piper 图

由图 3-10 中可以看出，二叠系砂岩水样离子成分以 Na^+、HCO_3^-、SO_4^{2-} 为主。Ca^{2+} 的摩尔百分比含量大部分在 0%～20% 之间；Mg^{2+} 的摩尔百分比含量在 0%～20% 之间；$Na^+ + K^+$ 的摩尔百分比含量在 60%～100% 之间；HCO_3^- 的摩尔百分比含量在 70%～100% 之间；SO_4^{2-} 的摩尔百分比含量在 0%～20% 之间；Cl^- 的摩尔百分比含量在 0%～20% 之间。水质类型主要呈 $Na\text{-}HCO_3$ 型，少量呈 $Ca\text{-}Mg\text{-}HCO_3$ 型。

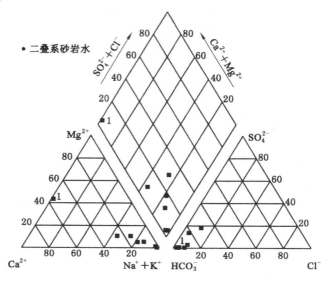

图 3-10　焦作煤矿区二叠系砂岩水样 Piper 图

3.3　时间分布特征

3.3.1　地下水水化学组分随时间分布变化特征

为表征各水化学组分随时间变化的分布特征，将数据分时期进行统计，用 a 代表以往煤矿开采时期，b 代表现煤矿开采时期，c 代表现煤矿关闭时期。通过数理统计方法，得出不同时期地下水组分的变化。

1. pH 值随时间变化分布特征

pH 是表征水体酸碱度较为常用的一项重要指标，因此通过 pH 随时间变化，判断矿区地下水水化学环境整体演化趋势。

由图 3-11 可以看出，随着煤矿不断开采，地下水 pH 值整体呈逐渐增大趋势，由原来的 7.6～7.8 上升到 8.6 左右。这说明在开采过程中，地下水整体向碱性环境演化。这可能是由于在未开采之前，地下水环境整体较为封闭，呈酸性，随着开采活动持续进行，地下水环境变得开放，水体 O_2 含量增大，致使 pH 值不断增大，直至呈弱碱性。当煤矿关闭之后，pH 值开始不断下降，且下降幅度较大,降至 7.4 左右,恢复至开采之前的状态。从一系列 pH 值变化可以看出,煤矿开采会使整体地下水 pH 值变大,随着持续开采活动的进行,pH 值会不断增大,当煤矿关闭之后,pH 值会逐步下降,降低至之前未开采水平。

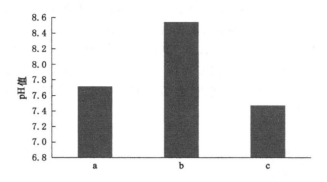

图 3-11　不同煤矿开采时期 pH 值变化规律

2. TDS 值随时间变化分布特征

由图 3-12 可以看出,煤矿开采活动会在一定程度上导致地下水 TDS 值降低。地下水在流动过程中,TDS 值会不断增大,因此如果该径流通道越长,TDS值应该越大。因此,煤矿开采活动在一定程度上会破坏地下水原有径流通道,同时加速地下水循环,使得地下水在相同时间内减少与周围矿物的接触,导致TDS 值下降。同时,在煤矿关闭之后,TDS 值还会持续降低,这表明径流通道的重新建立是一个较长的过程,虽然煤矿生产工作停止,但被破坏的径流通道短时间内不会恢复,而且含水层之间的水力联系已经被加大,增大了越流补给的可能性,TDS 值进一步降低。

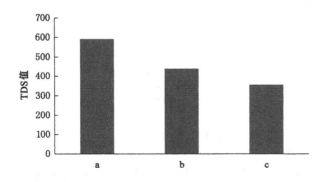

图 3-12　不同煤矿开采时期 TDS 值变化规律

3. Ca^{2+}、Mg^{2+} 浓度随时间变化分布特征

由图 3-13 和图 3-14 可以看出,整体上研究区 Ca^{2+} 浓度大于 Mg^{2+} 浓度。随着煤矿不断开采,Ca^{2+}、Mg^{2+} 浓度呈现出相似的变化趋势,整体均表现出下降的趋势,但下降幅度均比较小,Ca^{2+} 浓度由 63.1 mg/L 下降至 50.6 mg/L,下降幅度达到 19.8%;而 Mg^{2+} 浓度由 26.5 mg/L 下降至 20.8 mg/L,下降幅度达到 21.5%。同样,当煤矿关闭之后,Ca^{2+}、Mg^{2+} 浓度均出现一定程度的回升,其中 Ca^{2+} 浓度回升幅度较大,回升幅度高达 97.6%。这是由于煤矿关闭以后,地下水环境逐渐封闭,地下水流动缓慢,水体中 Ca^{2+}、Mg^{2+} 与围岩中其他阳离子交换程度减慢造成的。

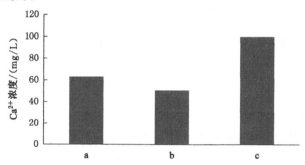

图 3-13　不同煤矿开采时期 Ca^{2+} 浓度变化规律

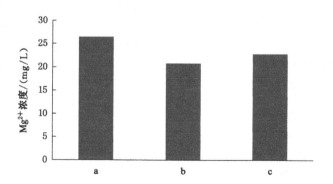

图 3-14　不同煤矿开采时期 Mg^{2+} 浓度变化规律

4. Na^+、Cl^- 浓度随时间变化分布特征

由图 3-15 和图 3-16 可以看出,Na^+、Cl^- 浓度整体变化趋势一致,在煤矿不断进行开采的过程中,两者浓度均有增大的趋势,但增大幅度较小。这表明水-岩相互作用强度在此时期达到最大,地下水中 Na^+、Cl^- 浓度已经接近饱和状态,即使煤矿开采活动仍在继续,其含量不会发生较大变化。当煤矿关闭之后,

水-岩相互作用强度下降，Na$^+$、Cl$^-$浓度也迅速降低，达到未饱和状态，其中 Na$^+$ 浓度下降幅度较大，由原来的 76.6 mg/L 下降到了 16.7 mg/L。这表明煤矿开采活动对含水层中水化学组分分布特征影响极为显著。

此处基于煤矿开采—煤矿关闭条件下，对研究区水化学组分分布特征进行分析。虽然不同组分表现出了不同的变化趋势，但多种结果均表征煤矿开采活动对水化学分布特征均有非常重要的影响。

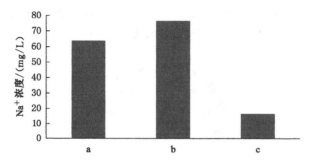

图 3-15　不同煤矿开采时期 Na$^+$浓度变化规律

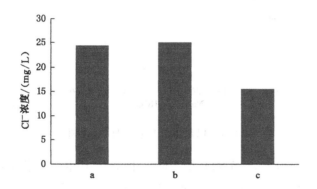

图 3-16　不同煤矿开采时期 Cl$^-$浓度变化规律

3.3.2　地下水水化学类型随时间分布变化特征

由于地下水水化学组成特征往往比较复杂，而 Piper 三线图可以较为直观地展现出水体的混合作用、水化学离子成分及水化学类型特征。Piper 三线图的主体由一个菱形和两个等边三角形构成，菱形图中的不同区域代表不同的水化学类型特征，左边三角形表示阳离子（Ca^{2+}、Mg^{2+}、Na$^+$）浓度，右边三角形表示阴离子（HCO$_3^-$、SO$_4^{2-}$、Cl$^-$）浓度。因此在地下水水化学特征分析中，Piper 三线图经常被用作划分地下水水化学类型。

本节将借助 Piper 三线图,分析以往煤矿开采时期、现煤矿开采时期以及现煤矿关闭时期过程中地下水水化学类型随时间分布变化特征。

图 3-17 为以往煤矿开采时期地下水主要水化学类型。其中,13 个地下水水样为 Ca-Mg-HCO₃ 型,5 个地下水水样为 Ca-Mg-HCO₃-SO₄ 型,8 个地下水水样为 Ca-Na-Mg-HCO₃ 型,6 个地下水水样为 Na-HCO₃ 型,其余地下水水样类型均较少,主要有 Mg-Ca-HCO₃ 型、Mg-Ca-Na-HCO₃ 型、Na-Ca-HCO₃ 型、Na-SO₄型。由水化学类型可以看出,在以往煤矿开采时期,地下水中 Ca^{2+}、Mg^{2+} 浓度较大,占主导地位,控制着大部分地下水水化学类型。

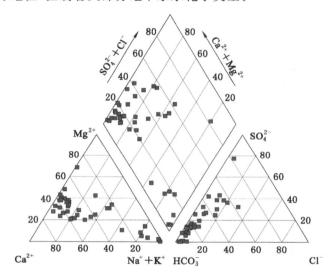

图 3-17　以往煤矿开采时期 Piper 图

随着煤矿不断开采,地下水环境不断发生改变,其主控因素可能也在随之变化,为判断煤矿开采活动对地下水环境的具体影响,继续使用 Piper 三线图,分析现煤矿开采时期地下水环境主控因素,其地下水水化学类型如图 3-18 所示。

由图 3-18 可以看出,在现煤矿开采时期,水化学类型主要变为 Ca-Mg-HCO₃ 型和 Ca-Mg-Na-HCO₃ 型,其余水化学类型有 Mg-Na-Ca-HCO₃ 型、Mg-Na-HCO₃ 型、Na-Ca-SO₄-HCO₃ 型以及 Na-HCO₃ 型。这表明随着煤矿开采工作继续向深部进行,其地下水水化学类型主要仍由 Ca^{2+}、Mg^{2+} 控制,虽然整体变化较小,但仍有少量变化。硫酸盐对地下水水化学的控制作用显著减小,表明离子交换类型发生了改变。

同时,部分煤矿已经不再适合继续开采,为了资源合理化利用以及未来的可持续发展,我国做出科学决策,决定关停部分煤矿。在煤矿关闭之后,开采活动

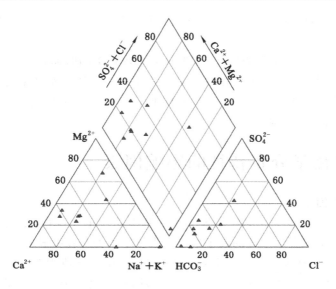

图 3-18　现煤矿开采时期 Piper 图

也随之停止，其地下水水化学类型会继续发生改变。现煤矿关闭时期地下水水化学类型如图 3-19 所示

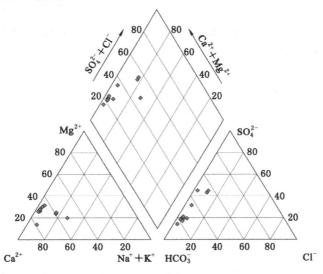

图 3-19　现煤矿关闭时期 Piper 图

由图 3-19 可以看出，当煤矿关闭之后，地下水水化学类型主要有 Ca-HCO$_3$型、Ca-Mg-HCO$_3$型、Ca-Mg-HCO$_3$-SO$_4$型、Ca-Mg-SO$_4$-HCO$_3$型以及 Ca-Na-

$Mg-HCO_3$ 型。这表明煤矿关闭后, Na^+ 含量急剧下降,地下水与周围围岩离子交替吸附强度减弱。

由上述分析可知,从现煤矿开采时期到现煤矿关闭时期,地下水环境经历了一系列演化过程。同时,由于控制因素的变化对整体地下水环境的影响是巨大的。因此,本书将探究不同煤矿开采时期地下水水化学环境主控因素,分析地下水水化学环境演化机制。

3.4 水化学分布特征的影响因素

3.4.1 自然因素

(1)含水系统。含水系统是地下水的基本功能单元,由含水层和相对隔水层组合而成,不同含水系统的离子浓度和水化学类型存在差异。例如,焦作煤田地下水中第四系孔隙水与二叠系砂岩水中 Mg^{2+} 浓度均值为 31.83 mg/L,而深层灰岩水中 Mg^{2+} 浓度均小于 50 mg/L。第四系水化学类型主要呈 Ca-Na-Mg-HCO_3 型、Na-Mg-Ca-HCO_3 型等过渡类型,灰岩水化学类型主要呈 Ca-Mg-HCO_3 型,二叠系砂岩水水质类型主要呈 Na-HCO_3 型。

(2)阳离子交换作用。焦作煤田各含水层地下水中 Ca^{2+} 浓度表现为第四系孔隙水>深层灰岩水>二叠系砂岩水。这是由于二叠系含水层环境较为封闭,受到的离子交换作用较强烈,从而造成水中 Ca^{2+} 含量相对较低。

(3)可溶盐溶解。煤田深层灰岩水呈现由东北向西南逐渐增大的趋势。在东部煤矿区,第四系孔隙水与二叠系砂岩水中 HCO_3^- 浓度普遍较高,最大值出现在九里山矿附近,除了阳离子交替吸附作用的影响外,还可能是含水层中发生了碳酸盐岩、硅铝酸盐等矿物溶解或脱硫酸作用,使 HCO_3^- 浓度有所增加。

3.4.2 人为因素

(1)生活排放。焦作煤田第四系孔隙水埋藏较浅,人为输入的影响使 TDS 值变化较大,为 365~1 728 mg/L。

(2)煤矿开采。随着煤矿不断开采,地下水离子浓度发生明显改变, Ca^{2+} 、Mg^{2+} 浓度呈现出下降的趋势,但 Na^+ 、Cl^- 浓度有增大的趋势。同时水化学类型也发生了明显的改变。

(3)农业活动。第四系孔隙水埋藏较浅,受到农业活动影响,使部分地区水中的 SO_4^{2-} 超出饮用标准浓度(250 mg/L)。

参 考 文 献

程琛,刘佳俊,杨凝,等,2017.宿州煤矿塌陷水域水质评价及污染来源解析[J].安徽理工大学学报(自然科学版),37(4):24-31.

关磊声,2019.大同口泉沟-云冈沟矿区煤矿采空区水水质评价[D].淮南:安徽理工大学.

郭小娇,王慧玮,石建省,等,2022.白洋淀湿地地下水系统水化学变化特征及演化模式[J].地质学报,96(2):656-672.

韩永,刘云芳,刘德民,等,2014.华北型煤田奥灰水水化学和同位素特征研究:以兖州煤田为例[J].华北科技学院学报,11(2):28-34.

蒋少杰,2022.宿州市城区地下水水化学特征及水文地球化学演化过程[J].赤峰学院学报(自然科学版),38(8):20-23.

刘基,杨建,王强民,等,2018.榆林市矿区浅层含水层水质现状及水化学特征研究[J].煤炭科学技术,46(12):61-66.

刘洋,方刚,杨建,2017.准格尔矿区酸刺沟煤矿水文地球化学特征研究[J].煤矿安全,48(7):204-207.

刘振明,张仁豪,杨萌,等,2016.中国主要聚煤区含水层水文地球化学特性[J].内蒙古煤炭经济,7:154-158.

彭捷,李成,向茂西,等,2018.榆神府区采动对潜水含水层的影响及其环境效应[J].煤炭科学技术,46(2):156-162.

孙亚军,张莉,徐智敏,等,2022.煤矿区矿井水水质形成与演化的多场作用机制及研究进展[J].煤炭学报,47(1):423-437.

汪家权,刘万茹,钱家忠,等,2002.基于单因子污染指数地下水质量评价灰色模型[J].合肥工业大学学报(自然科学版),5:697-702.

王慧玮,郭小娇,张千千,等,2021.滹沱河流域地下水水化学特征演化及成因分析[J].环境化学,40(12):3838-3845.

武强,金玉洁,李德安,1992.华北型煤田矿床水文地质类型划分及其在突水灾害中的意义[J].中国地质灾害与防治学报,2:96-98.

杨元波,刘甜思,李辉,等,2023.泾阳县地下水类型与化学特征研究[J].地下水,45(4):72-74.

曾妍妍,周金龙,乃尉华,等,2020.新疆喀什噶尔河流域地下水形成的水文地球化学过程[J].干旱区研究,37(3):541-550.

周迅,叶永红,2014.地下水舒卡列夫水化学分类法的改进及应用:以福建省晋江市地下水为例[J]. 资源调查与环境,35(4):299-304.

BROWN R M,MCCLELLAND N I,DEININGER R A,et al.,1972. A water quality index-crashing the psychological barrier[M]//THOMAS W A. Indicators of environmental quality. Boston,MA:Springer.

FENG J G,JI D S,GAO Z J,et al.,2020. Hydrochemical types of Karst groundwater in Tailai Basin[J]. IOP Conference Series:Materials Science and Engineering,730(1):012048.

HORTON R K,1965. An index number system for rating water quality[J]. Journal of water pollution control federation,37(3):300-206.

IRHAM M,IRPAN M,SARTIKA D,et al.,2022. Study of the suitability of rock type with the chemical typology of groundwater in the Jeunib Basin, Aceh[J]. Arabian journal of geosciences,15(3):220.

KEITA S,TANG Z H,2017. The assessment of processes controlling the spatial distribution of hydrogeochemical groundwater types in Mali using multivariate statistics[J]. Journal of African earth sciences,134:573-589.

LIU Q,SUN Y J,XU Z M,et al.,2018. Application of the comprehensive identification model in analyzing the source of water inrush[J]. Arabian journal of geosciences,11(9):189.

PAN Z D,LU W X,FAN Y,et al.,2021. Identification of groundwater contamination sources and hydraulic parameters based on Bayesian regularization deep neural network[J]. Environmental science and pollution research,28(13):16867-16879.

WU Q,MU W P,XING Y,et al.,2019. Source discrimination of mine water inrush using multiple methods:a case study from the Beiyangzhuang Mine, Northern China[J]. Bulletin of engineering geology and the environment,78 (1):469-482.

ZHANG H T,XU G Q,ZHAN H B,et al.,2020. Identification of hydrogeochemical processes and transport paths of a multi-aquifer system in closed mining regions[J]. Journal of hydrology,589:125344.

第 4 章　煤矿区地下水水化学定量模拟及演化规律

4.1　地下水水化学形成过程

地下水中化学成分的形成过程包括：

（1）水岩相互作用。在化学与力学的耦合作用下，水岩系统发生的地下水溶质迁移和地层地质结构变化等极大地影响了地层结构的稳定性和地下水环境的演化。

（2）蒸发作用。地下水在蒸发排泄条件下，水分不断失去，盐分不断聚集，从而引起一系列地下水化学成分的变化。

（3）阳离子交替吸附作用。黏性土颗粒表面带有负电荷，颗粒将吸附地下水中某些阳离子，而将其原来吸附的部分阳离子转为地下水中的组分。

（4）沉淀溶解作用有两种。① 脱碳酸作用：升温降压时，一部分 CO_2 便成为游离 CO_2 从水中逸出，这便是脱碳酸作用。② 脱硫酸作用：在深部缺氧的还原环境中脱硫酸就是 SO_4^{2-} 还原为 H_2S。

（5）混合作用。成分不同的两种水混合在一起，形成化学成分不同的地下水。

本节将以焦作煤矿区为例，分别阐述煤田所受的水岩相互作用与蒸发作用、阳离子交替吸附作用、沉淀溶解作用、混合作用。

4.1.1　水岩相互作用与蒸发作用

在自然界中，水体与周遭环境之间往往每时每刻都在发生着水文地球化学作用。Gibbs 图能够根据 $Na^+/(Na^++Ca^{2+})$ 及 $Cl^-/(Cl^-+HCO_3^-)$ 与 TDS 的关系展现水化学的主要控制因素，它通常将控制水化学形成的因素分为蒸发结晶、水-岩相互作用（岩石风化作用）和降水控制。当含水层地下水水样的 TDS 含量大于 1 000 mg/L，$Na^+/(Na^++Ca^{2+})$ 或 $Cl^-/(Cl^-+HCO_3^-)$ 的毫克当量比接近 1 时,说明该含水层地下水主要受蒸发结晶控制;当 TDS 含量的范围在 100～1 000 mg/L 时,$Na^+/(Na^+ + Ca^{2+})$ 或 $Cl^-/(Cl^- + HCO_3^-)$ 的毫克当量比小于 0.5 时,说明该含水层地下水主要受水-岩相互作用控制;当 TDS 含量低于 100 mg/L,$Na^+/(Na^+ + Ca^{2+})$ 或 $Cl^-/(Cl^- + HCO_3^-)$ 的毫克当量比接近 1 时,说明该含水层地下水受降水控制的可能性较大。因此,通过水样在 Gibbs 图上的位置能够直观地判断影响其水文地球化学形成作用的主控因素。

将焦作煤矿区主要含水层地下水水化学数据绘制在 Gibbs 图中,如图 4-1 所示。由图 4-1 可知,第四系含水层中有极少部分水样的 TDS 值大于 1 000 mg/L,这可能是人为污染或蒸发作用造成的,除极少数点之外,第四系孔隙水中 TDS 含量均介于 100～1 000 mg/L 之间,$Cl^-/(Cl^- + HCO_3^-)$ 的毫克当量比小于 0.5,位于水-岩相互作用区域,这说明对于第四系孔隙水而言,水-岩相互作用是控制其水化学变化的主要因素。二叠系砂岩水 TDS 含量全部介于 100～1 000 mg/L 之间,在图 4-1(a)中位于蒸发结晶与水-岩相互作用共同控制下的区域,而在图 4-1(b)中则全部位于水-岩相互作用区域范围。由于煤层顶板很厚,二叠系砂岩水受蒸发作用较弱,因此,二叠系砂岩水主要受水-岩相互作用控制。石炭系与奥陶系灰岩含水层埋藏较深,受到的水-岩相互作用影响更为明显,深层灰岩水 TDS 含量均在 100～1 000 mg/L 之间。在图 4-1(a)中,深层灰岩水分布较为分散,位于水-岩相互作用影响区域和蒸发结晶影响区域之间,但很明显大多数该层水样 $Na^+/(Na^+ + Ca^{2+})$ 或 $Cl^-/(Cl^- + HCO_3^-)$ 的毫克当量值小于 0.5,更接近于水-岩相互作用控制区域。图 4-1(b)更是全部位于水-岩相互作用区域范围,可见在深层灰岩水中,水-岩相互作用是控制其水化学变化的主要因素,蒸发作用随着深度的增加有所减弱。综上所述,焦作煤矿区主要含水层水化学成分多受水-岩相互作用控制,且地下水化学受盐岩矿物溶解的影响有限。

4.1.2 阳离子交替吸附作用

在地下水径流过程中普遍发生着水-岩相互作用,这时水中的阳离子会与岩石表面吸附的另一种阳离子发生交替吸附作用,从而使地下水中的水化学离子含量发生改变。氯碱指数常用来表征这种能力,地下水中氯碱指数绝对值越大,其阳离子交替吸附作用就越强烈。

$$CAI-1 = [Cl^- - (Na^+ + K^+)]/Cl^- \qquad (4-1)$$

$$CAI-2 = [Cl^- - (Na^+ + K^+)]/[(HCO_3^- + SO_4^{2-})] \qquad (4-2)$$

如式(4-3)所示,当 CAI-1 和 CAI-2 都小于 0 时,表示地下水中的 Ca^{2+} 或 Mg^{2+} 与岩石中的 Na^+ 发生了阳离子交替吸附作用,地下水中的 Ca^{2+}、Mg^{2+} 被含水层的矿物成分表面的 $Na^+ + K^+$ 置换,造成含水层地下水中 Ca^{2+}、Mg^{2+} 含量降低,$Na^+ + K^+$ 含量升高;当两者都大于 0 时,表示地下水中的 Na^+ 与岩土

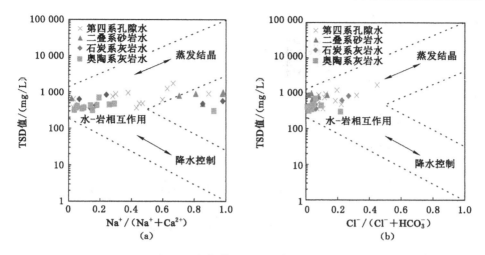

图 4-1　焦作煤矿区地下水 Gibbs 图

中的 Ca^{2+} 或 Mg^{2+} 之间发生了反向阳离子交替吸附作用,如式(4-4)所示,地下水中的 $Na^+ + K^+$ 会被岩石中的 Ca^{2+}、Mg^{2+} 置换出来,使含水层地下水中 Ca^{2+}、Mg^{2+} 含量升高。

$$Ca^{2+} 或 Mg^{2+}（水）+2NaX（岩石）\rightarrow 2\,Na^+（水）+CaX_2 或 MgX_2（岩石）$$

$$\text{(4-3)}$$

$$2\,Na^+（水）+CaX_2 或 MgX_2（岩石）\rightarrow Ca^{2+} 或 Mg^{2+}（水）+2NaX（岩石）$$

$$\text{(4-4)}$$

　　为查明研究区不同含水层地下水中阳离子交替吸附作用的强弱,绘制地下水氯碱指数图,如图 4-2 所示。由图可知,研究区大部分地下水样点分布在第三象限,其 CAI-1 和 CAI-2 均小于 0,可见焦作煤矿区地下水中普遍发生阳离子交替吸附作用,水中的 Ca^{2+}、Mg^{2+} 与岩石中的 $Na^+ + K^+$ 发生置换,使得研究区地下水中的 $Na^+ + K^+$ 增多,而 Ca^{2+}、Mg^{2+} 减少。第四系孔隙水中 CAI-1 主要分布在 $-5\sim1$ 之间,CAI-2 也均小于 0,说明第四系含水层地下水离子交换作用较小;由于煤层顶板很厚,煤层底板有隔水层,二叠系砂岩水与其他含水层地下水水力联系较弱,阳离子交替吸附作用强烈,二叠系砂岩水氯碱指数 CAI-1 和 CAI-2 均小于 0 且分散,含水层中的 Ca^{2+}、Mg^{2+} 不断被含水介质中的 $Na^+ + K^+$ 离子交换,造成地下水水化学发生变化。石炭系灰岩水和奥陶系灰岩水的氯碱指数 CAI-1 和 CAI-2 绝对值都不高,说明深层灰岩水离子虽发生正向离子交换反应但交换程度不高,这可能是由于采矿活动加剧黄铁矿氧化使地下水呈酸性,从而加速了碳酸盐或硫酸盐的溶解,水中 Ca^{2+}、Mg^{2+} 含量增加,使阳离子交替吸附作用不明显。

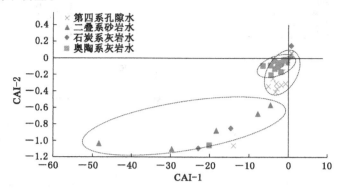

图 4-2　焦作煤矿区地下水氯碱指数图

4.1.3　沉淀溶解作用

　　地下水水化学的离子来源分析对研究地下水水化学形成作用及水-岩相互作用具有重要作用。在不同区域和水化学环境主导下,矿物在水中的溶解、沉淀作用也存在着一定的差异。为了深入了解研究区域地下水水化学形成过程及离子来源,揭示地下水流动过程中的水-岩相互作用机制,采用典型离子组合比法进行研究分析。

　　地下水环境中碳酸盐、硫酸盐等矿物的沉淀和溶解是地下水中 Ca^{2+}、Mg^{2+}、HCO_3^-、SO_4^{2-} 变化的主要原因。矿区主要碳酸盐矿物、石膏及岩盐溶解反应方程式如下：

$$CaCO_3(方解石) + CO_2(g) + 2H_2O \rightarrow Ca^{2+} + 2HCO_3^- \tag{4-5}$$

$$CaMg(CO_3)_2(白云石) + 2CO_2(g) + 2H_2O \rightarrow Ca^{2+} + Mg^{2+} + 4HCO_3^- \tag{4-6}$$

$$CaSO_4 \cdot H_2O(石膏) + H_2O \rightarrow Ca^{2+} + SO_4^{2-} + 2H_2O \tag{4-7}$$

$$NaCl(盐岩) + 2H_2O \rightarrow Na^+ + Cl^- + H_2O \tag{4-8}$$

　　Cl^- 在地下水中通常较稳定,常用 Na^+ 与 Cl^- 的关系揭示水中钠离子的来源。岩盐是焦作煤矿区地下水中 Na^+、Cl^- 的主要来源,由式(4-8)可知,岩盐溶解释放等比例浓度的 Na^+ 与 Cl^-。若矿区地下水中 Na^+ 和 Cl^- 全部来自岩盐溶解,那么地下水中 Na^+/Cl^- 值应该大约为 1。从图 4-3(a)可以看出,奥陶系灰岩水大部分水样位于 $y=x$ 上方及其附近,说明该含水层 Na^+、Cl^- 主要来自岩盐矿物的溶解。其他含水层除极少数散点外,地下水样均位于 $y=x$ 的左上方,Na^+/Cl^- 值都大于 1,水样中 Na^+ 含量较高,表明 Cl^- 基本来源于岩盐的溶解,而 Na^+ 除了来源于岩盐外,还可能存在其他含 Na^+ 矿物的溶解或发生了阳离子交替吸附作用。二叠系砂岩水水样点距离 $y=x$ 最远,这可能是由于二叠系含水层特殊的地下水环境导致的。煤层顶板厚且底板存在隔水层,二叠系含水层与其他含水水力联系较弱,此环境有利于地下水里的 Ca^{2+}、Mg^{2+} 置换岩石中的 Na^+,阳离子交替吸附作用强烈,使二叠系砂岩水中 Na^+ 增多;第四系与石炭系含水层阳离子交替吸附作用相对二叠系含水层较弱,水样点分散,可能与其他含水层水源发生了混合,与氯碱指数图分析结果一致。

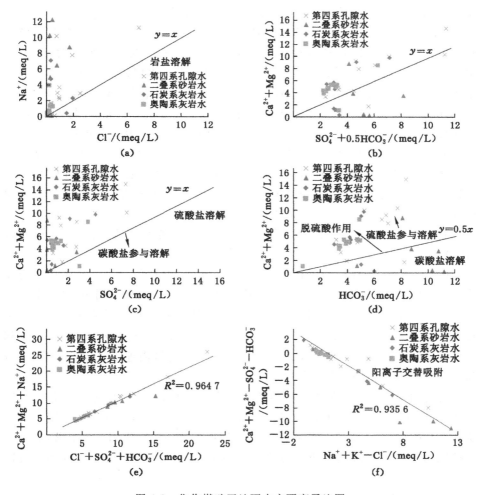

图 4-3　焦作煤矿区地下水主要离子比图

根据碳酸盐与硫酸盐的全等溶解反应公式(4-5)、(4-6)、(4-7)可知,当含水层中碳酸盐与硫酸盐都参与溶解时,地下水中的 $Ca^{2+} + Mg^{2+}$ 与 $SO_4^{2-} +$

$0.5HCO_3^-$ 的摩尔浓度比约为1,如图 4-3(b)所示。煤矿区深层灰岩水大部分位于 $y=x$ 上方,$Ca^{2+}+Mg^{2+}$ 与 $SO_4^{2-}+0.5HCO_3^-$ 的摩尔浓度比大于1,而二叠系砂岩水的离子比值明显小于1,说明地下水中 Ca^{2+}、Mg^{2+} 不仅仅来源于碳酸盐、硫酸盐的溶解,还可能来源于硅铝酸盐矿物的溶解。硅铝酸盐矿物溶解会释放 HCO_3^-,阳离子交替吸附作用也会造成 Ca^{2+}、Mg^{2+} 含量降低。由图可知,深层灰岩水中的 Ca^{2+}、Mg^{2+} 浓度高于煤系砂岩水,也证明了二叠系砂岩水的阳离子交替吸附作用强于深层灰岩水,与氯碱指数图分析的结果一致。

$Ca^{2+}+Mg^{2+}$ 与 SO_4^{2-}、HCO_3^- 的比值可以反映地下水硫酸盐、碳酸盐溶解的特征。当含水层仅以石膏溶解作为地下水 Ca^{2+}、SO_4^{2-} 的主要来源时,$Ca^{2+}+Mg^{2+}$ 与 SO_4^{2-} 的摩尔浓度比值应接近于1:1。当含水层以碳酸盐溶解作为地下水离子的主要来源时,$Ca^{2+}+Mg^{2+}$ 与 HCO_3^- 的摩尔浓度比值应接近于1:2。如图 4-3(c)所示,煤矿区地下水大都位于 $y=x$ 上方,$Ca^{2+}+Mg^{2+}$ 与 SO_4^{2-} 的摩尔浓度比大于1,说明地下水中 Ca^{2+} 除了来自石膏等硫酸盐矿物的溶解外,还有碳酸盐矿物溶解。奥陶系含水层中有一个水样 $Ca^{2+}+Mg^{2+}$ 与 SO_4^{2-} 的摩尔浓度比小于1,硫酸根浓度很高,这可能是来自硫铁矿的氧化。如图 4-3(d)所示,第四系与深层灰岩含水层地下水 $Ca^{2+}+Mg^{2+}$ 与 HCO_3^- 的摩尔浓度比大于1,说明硫酸盐参与了溶解,二叠系砂岩水大部分水样位于 $y=0.5x$ 下方,除了阳离子交替吸附作用外,还可能发生了硅铝酸盐矿物溶解或脱硫酸作用,从而导致 HCO_3^- 浓度增加。

$Ca^{2+}+Mg^{2+}$-HCO_3^--SO_4^{2-} 与 $Na^++K^+-Cl^-$ 的比值可以表征阳离子交换作用,若两者的线性关系比值为 -1,则代表阳离子交替吸附作用的发生。如图 4-3(f)所示,研究区地下水中该组合离子的比值线性相关系数为 -0.944,接近 -1,表明该地区存在阳离子交替吸附作用。如图 4-3(e)所示,阴阳离子总和比线性相关系数为 1.057 1,接近1,进一步表明研究区内地下水除碳酸盐、硫酸盐等矿物溶解作用外还存在阳离子交替吸附作用。

通过对焦作煤矿区地下水典型离子组合比分析,发现矿区地下主要含水层中水-岩相互作用主要有碳酸盐、硫酸盐的溶解、黄铁矿氧化、脱硫酸作用及离子交换作用。其中,二叠系砂岩水阳离子交替吸附及脱硫酸作用最为显著,而第四系孔隙水、石炭系灰岩水与奥陶系灰岩水碳酸盐、硫酸盐等矿物溶解作用及黄铁矿氧化作用较为显著。

4.1.4 混合作用

混合作用有化学混合及物理混合两类。化学混合作用是两种成分发生化学反应,形成化学类型不同的地下水;物理混合作用只是机器混合,并不发生化学反应。

当深层地下水补给浅部含水层时则发生两种地下水混合。混合作用的结果可能发生化学反应而形成化学类型完全不同的地下水。例如,当以 SO_4^{2-}、Na^+ 为主的地下水,与 HCO_3^-、Ca^{2+} 为主的水混合,且 SO_4^{2-} 及 Ca^{2+} 超过溶度积时:

$$Ca^{2+} + SO_4^{2-} \rightarrow CaSO_4 \downarrow$$

石膏沉淀析出,便形成以 HCO_3^- 及 Na^+ 为主的地下水。

两种水的混合也可能不产生化学反应,例如,高 TDS 氯化钙型海水混入低 TDS 重碳酸钙镁型地下水。

如图 4-4 所示,通过 Ca^{2+}/HCO_3^-、Mg^{2+}/HCO_3^-、$SO_4^{2-}/[Ca^{2+} + Mg^{2+}]$ 离子比及饱和指数,可以直观地观察出煤矿区产生的混合作用。

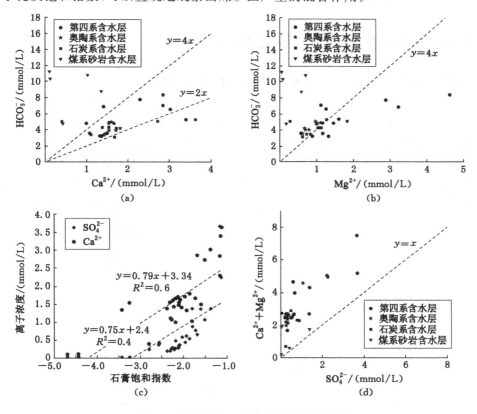

图 4-4　焦作煤矿区离子比及饱和指数图

在图 4-4(a) 中,两条溶解线将图划分为三个区域。石炭系水有两点低于 $y = 2x$,证明碳酸氢盐缺乏。大多数第四系水和石灰岩水样接近或介于这两条线之间,表明方解石和白云石的溶解正在发生,尽管 Ca^{2+} 的交换也可能发生。

煤系砂岩水样均大于 $y=4x$，碳酸氢盐离子比 Ca^{2+} 高 4 倍。因此，碳酸盐矿物的溶蚀可能伴随着丰富的阳离子交换或硅酸盐矿物的风化作用。大多数第四系水和石灰岩水样[见图 4-4(b)]位于或接近白云岩溶解线。

图 4-4(c)给出了 4 个含水层中存在石膏的证据，相关系数接近 0.5（Ca^{2+}，$R^2=0.6$；SO_4^{2-}，$R^2=0.4$）。在 $Ca^{2+}+Mg^{2+}$ 与硫酸盐离子的相关性图中，如果地下水中的 $Ca^{2+}+Mg^{2+}$ 和 SO_4^{2-} 仅来自石膏溶解，则[$Ca^{2+}+Mg^{2+}$]/SO_4^{2-} 为 1：1。

在图 4-4(d)中，煤系砂岩水水样大部分位于石膏溶解线上，说明该水样也受石膏的强烈影响。第四纪灰岩水水样则远高于 1：1 线。过量的 Ca^{2+} 主要来自碳酸盐矿物的溶解，而 SO_4^{2-} 主要来自石膏的溶解。

4.2 地下水水化学多元统计分析

4.2.1 煤矿开采下水化学演化规律——平顶山煤矿区

以平顶山十三矿为例，如图 4-5 所示，将 2008 年至 2015 年采样点数据放在 Piper 三线图中可知：第四系水赋存在砂岩孔隙介质中，渗透性较好，因其处于地球表面，容易接受富含 CO_2 大气降水的直接入渗补给，故水中 HCO_3^- 相对含量高于其他地下水。石炭系含水层水样点分布比较分散，其中主要水化学类型为 Na-HCO_3，但随着时间的变化 Cl^- 离子和 SO_4^{2-} 离子含量逐渐增加，同时 TDS 含量也在不断上升。由于煤炭开采造成石炭系水位下降，加快了第四系水对石炭

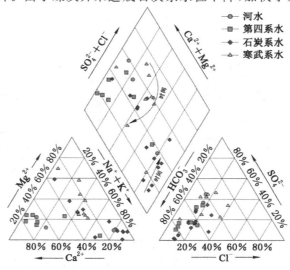

图 4-5 平顶山十三矿水化学成分 Piper 图

系水的补给,部分石炭系水样逐渐向第四系水化学类型相似方向演化。寒武系水样水化学类型比较稳定,主要水化学类型为 Na-Ca-Mg-HCO$_3$-SO$_4$,赋存于碳酸盐岩裂隙中,受富含介质成分的影响,但因其埋藏深,与大气间的隔离层厚,环境封闭,故相比较石炭系含水层 HCO$_3^-$ 含量相对较低。

如图 4-6 所示,由 Gibbs 图可知岩溶水矿化度不高,大致在 500~1 000 mg/L,石炭系地下水水化学组分的形成主要受水岩相互作用,但部分水样存在蒸发结晶作用控制,说明地下水蒸发浓缩作用增强,含水层的封闭程度受到破坏;寒武系水样点均分布在水岩控制区、阴离子质量浓度比率小于 0.5 的区域,所采集水样远离"降水主导"和"蒸发结晶"作用控制区域,寒武系埋藏较深,受降水与蒸发影响较低,水化学环境比较稳定。

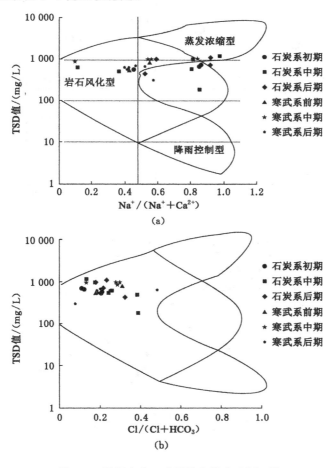

图 4-6　平顶山十三矿岩溶灰岩水 Gibbs 图

对十三矿不同时期的含水层水样,将 $Na^+ + K^+$、Ca^{2+}、Mg^{2+}、Cl^-、SO_4^{2-}、HCO_3^- 离子含量作为变量采用先对原始数据进行标准化,由标准化后的数据求原始数据的相关矩阵,然后计算特征根与相应标准正交特征向量,随后计算主成分贡献率及累计贡献率。采用方差最大旋转法得到的第一主因子与 Na^+、HCO_3^- 表现出较高的荷载值,代表脱硫酸作用或者阳离子交替吸附作用,越靠近右端愈加明显,第二主因子中 Mg^{2+}、SO_4^{2-} 表现出较高的荷载值,表示黄铁矿的氧化或地下水硬化,越贴近上端水化学作用越明显,灰岩溶解作用越强。如图 4-7 所示,将主要含水层水样分别标注在主成分 F_1-主成分 F_2 得分关系图中,

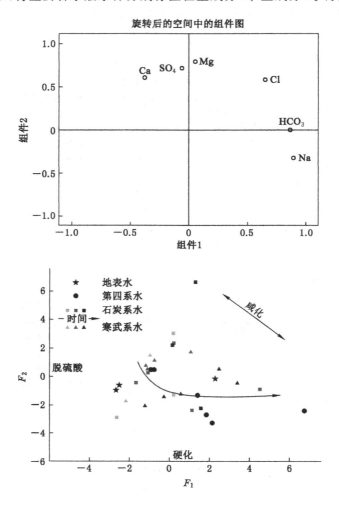

图 4-7 平顶山十三矿水样点主成分分析 F_1-F_2 坐标系得分分布图

石炭系大部分水样点位于第三、第四象限,仅有部分水样位于第一象限,代表含水层脱硫酸作用和地下水硬化作用不明显,岩溶含水层开放程度较高。石炭系含水层水样随着时间的变化逐渐沿着 F_2 轴向上变化,地下水中 Ca^{2+}、Mg^{2+}、SO_4^{2-} 的影响逐渐增加,其原因是煤炭开采造成含水层封闭程度受到破坏,阳离子交替吸附作用增强,黄铁矿氧化作用或地下水硬化作用增强,地下水中高 Ca^{2+}、Mg^{2+} 易与携带 Cl^- 的含水层介质产生阳离子交换吸附从而使石炭系水表现为 Cl^- 的累积,"咸化"明显。寒武系灰岩水处于第三、第四象限中,脱硫酸作用逐渐增强,且有"软化"的趋势,水化学变化不明显,含水层受采动影响较小。

4.2.2　煤矿开采下水化学演化规律——焦作煤矿区

1. 因子分析

因子分析是将原来的几个具有特定的相互关联的变量或指标变成相对较少的几个综合变量和综合指标,通过较少几个因子来反映原始资料的大部分信息,在保证数据信息丢失最少的原则下,对高维变量空间做降维处理,有效消除多个指标所包含的相同信息。因子分析中有多种确定因子变量的方法,如主成分分析法、极大似然法、最小二乘法等。本节采用主成分分析法对煤矿区水化学资料进行分析,探讨影响地下水水化学变化的主要因素。

根据测定并收集的焦作煤矿区 2013—2021 年地下水水化学数据,选择代表地下水水化学主要特征的离子($Na^+ + K^+$、Ca^{2+}、Mg^{2+}、Cl^-、SO_4^{2-}、F^-、HCO_3^-)作为变量,通过主成分分析进行标准化处理,前 5 个主成分方差贡献率分别为 43%、31.40%、9.53%、7.85%、4.65%,累计方差贡献率达到 96.43%。提取特征值大于 1 的两个主成分变量 F_1、F_2,其累计方差贡献率达到 74.40%,能够反映地下水在开采过程中影响水化学组分发生变化的主要因素。7 个分析变量在第 1 主成分和第 2 主成分上的因子载荷如图 4-7 所示,其中 Mg^{2+}、Ca^{2+}、SO_4^{2-} 在主成分 1 轴上有很高的因子载荷值,而 $Na^+ + K^+$ 与 HCO_3^- 在主成分 2 轴上有很高的因子载荷值。

如图 4-8 所示,Mg^{2+}、SO_4^{2-}、Ca^{2+} 在 F_1 轴上有很高的因子载荷值,这主要与石膏、方解石、白云石等含硫矿物的溶解有关,灰岩含水层接近开采煤层,开采的进行导致硫铁矿氧化产生 SO_4^{2-} 及 H^+,在酸性条件下加速地下水中的碳酸盐及硫酸盐的溶解,导致 Ca^{2+}、Mg^{2+} 升高,因此,F_1 轴表征碳酸盐、硫酸盐溶解下的岩溶作用。根据资料显示,萤石等含氟矿物在焦作煤矿区地下含水层中存在比较普遍,F^- 在 F_1 轴上也具有较高的载荷值,这可能是因为含氟矿物的溶解,但地下水中氟化物的溶解量比较小,F^- 浓度平均值为 1.99 mg/L,对地下水化学成分的影响很难起到主导作用。由于 Cl^- 含量与地下水滞留时间有关,地下水的滞留时间越长,水岩相互作用越充分,Cl^- 含量就越多,载荷值越高,因此,

Cl^- 在荷载图中很贴近 F_1 轴。在 F_2 轴上 $K^+ + Na^+$、HCO_3^- 因子载荷值很高，这可能是由于 $K^+ + Na^+$ 与 Ca^{2+}、Mg^{2+} 发生了阳离子交替吸附作用，越贴近 F_2 轴正方向，离子交换作用越强烈，使地下水中 Ca^{2+}、Mg^{2+} 减少，$K^+ + Na^+$ 浓度增加。而地下含水层中 HCO_3^- 的含量不仅与碳酸盐岩的溶解和沉淀有关，由于封闭条件下耗氧不足，SO_4^{2-} 在脱硫酸菌作用下发生还原作用，产生 HCO_3^- 和 H_2S，从而导致 HCO_3^- 浓度增加，故 F_2 轴也代表着脱硫酸作用，越靠近右端水化学环境越封闭。

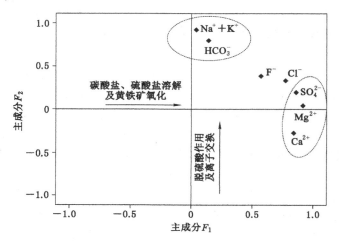

图 4-8　地下水常规组分因子荷载图

$$FeS_2 + \frac{15}{4}O_2 + \frac{7}{2}H_2O \rightarrow Fe(OH)_3 \downarrow + 2SO_4{}^{2-} + 4H^+ \tag{4-9}$$

$$CaMg(CO_3)_2 + 2H^+ \rightarrow Ca^{2+} + Mg^{2+} + 2HCO_3^- \tag{4-10}$$

$$SO_4^{2-} + 2C + 2H_2O \rightarrow H_2S \uparrow + 2HCO_3^- \tag{4-11}$$

综上所述，焦作煤矿区地下水水化学环境复杂，地下主要含水层中所受水-岩相互作用有碳酸盐或硫酸盐溶解、黄铁矿氧化、阳离子交替吸附以及脱硫酸作用。

2. 地下水化学随时间演化规律

通过上文因子分析中得到的两大主成分所代表的水-岩相互作用，通过主成分荷载得分的计算，绘制主成分荷载得分图，如图 4-9 所示。

由图 4-9 可知，焦作煤矿区不同含水层多年地下水分布十分散乱，混合明显。由于二叠系含水层较为封闭，二叠系砂岩水以静储量为主，与其他含水层水力交换较弱，离子交换作用强烈，与氯碱指数图和离子组合比图示踪结果一致，在图中呈现为 F_1 小而 F_2 大的分布特点。第四系孔隙水、石炭系灰岩水与奥陶

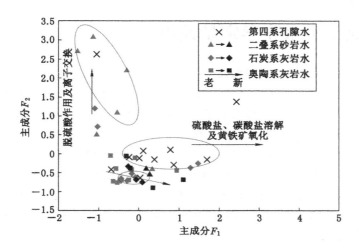

图 4-9　地下水主成分荷载得分关系图

系灰岩水大部分水样点在图中分布较为聚集,可见三者间水力联系密切,相互间存在越流、断层、陷落柱或导水天窗等形式的补给或排泄,地下水混合程度较高。其中,第四系含水层地下水沿着主成分 F_1 轴散乱分布,F_1 载荷值分布范围较大,F_2 载荷值基本都小于 0,可见该含水层地下水脱硫酸作用及阳离子交替吸附作用较弱,这主要因为第四系孔隙水埋藏较浅,含水层的开放程度较大,水化学除了受矿物溶解控制外,还受到一定程度的蒸发作用。深层灰岩水以碳酸岩、硫酸岩溶解及黄铁矿氧化作用为主,伴随一定程度的阳离子交替吸附及脱硫酸作用。

　　随着开采逐渐向深部进行,深层含水层水化学随时间变化更为明显。由图可知,近年来二叠系砂岩水分布点在主成分 F_2 轴上有所下移,可见煤矿开采使二叠系含水层中离子交换作用及脱硫酸作用减弱。石炭系与奥陶系灰岩水水样点在主成分 F_2 方向上呈减小趋势,说明煤炭开采过程中阳离子交替吸附及脱硫酸等作用逐渐减弱,但在 F_1 轴上分布范围较大,深层灰岩含水层中碳酸岩、硫酸岩溶解及黄铁矿氧化作用可能增强,也可能减弱,这可能是由于深层灰岩含水层中主要介质为碳酸盐岩含量较高的灰岩,矿物溶解造成地下水中 Ca^{2+}、Mg^{2+} 含量增加,脱硫酸作用减弱,地下水水化学朝着"硬化"的方向不断演化,但随着煤矿开采逐渐向深部进行,含水层的封闭程度受到破坏,地下水的交替速率增加,从而影响水-岩相互作用的发生程度。可见煤炭开采影响深层灰岩含水层的水-岩相互作用,其变化程度取决于所处的水文地质背景、水文地球化学条件与采矿程度。

4.3 地下水水化学定量模拟

4.3.1 地下水水化学定量模拟理论

为了能够定量研究地下水径流过程中水-岩相互作用,水文地球化学模拟法应运而生,它以质量守恒原理与电子守恒定律为指导建立水文地球化学模型,进而对水化学系统中发生的水-岩相互作用进行量化,计算矿物的溶解、沉淀量,从而研究地下水化学环境演化的过程。常用的水文地球化学模拟软件包括 NETPATH、WATEQ4F、PHREEQC 等。PHREEQC 于 1995 年正式面世,以离子缔合水模型为基础,能够用来模拟水样中饱和指数的确定、地下水的混合模拟作用、温度变化造成的效应模拟、物质的反应-迁移模型和地下水形成演化的反向或正向模拟等。

1. 反向地球化学模拟

反向地球化学模拟,又称为质量平衡模拟。其主要原理是根据在同一径流路径上,根据观测到的起点与终点的水化学资料或同位素资料,考虑地下水从起点运移到终点的过程中发生的水岩相互作用、蒸发作用、混合作用等造成的水化学离子或同位素转移的含量,而这些离子转移量则是在径流过程中地下水与周围水化学环境的水岩相互作用造成的,所以依据终点和起点的水化学含量差异,确定在流动过程中有可能发生的矿物溶解、沉淀离子交换等水文地球化学作用,但它的前提是起点与终点要存在水力联系。其原理可以概括为:

起点的水化学资料+"反应相"→终点的水化资料+"生成相"

其中,反应相是指反应过程中进入水中的成分,生成相是反应的过程离开水中的组分。两者可能是矿物、气体、固体与液体之间的离子交换。

模拟过程主要依据质量守恒原理与电子守恒定律表示,质量守恒原理表达式为:

$$\sum_{n=1}^{p} a_n b_{n,k} = \Delta m_{T,k} = m'_{T,k} - m_{T,k} \tag{4-12}$$

式中,$n=1,2,\cdots,p$;$k=1,2,\cdots,j$;p 为化学反应中反应相和生成相的总数目;j 为计算中所包含的元素数量;a_n 表示第 n 种矿物相进入或离开溶液的摩尔数,即质量迁移数;$b_{n,k}$ 表示第 n 种矿物相中第 k 种元素的化学计量数;$m_{T,k}$ 和 $m'_{T,k}$ 分别表示 T 温度下起点和终点溶液中第 k 种元素的总摩尔浓度。

电子守恒定律表达式为:

$$\sum_{n=1}^{p} u_n \alpha_n = \sum_{i=1}^{q} u'_i m'_i - \sum_{i=1}^{q} u_i m_i \qquad (4\text{-}13)$$

式中，$n=1,2,\cdots,p$；$i=1,2,\cdots,q$；q 为溶液中的组分总数；u_n 表示第 n 种矿物相中的作用化合价；u_i 和 u'_i 分别表示起点和终点溶液中第 i 种组分的作用化合价；m_i 和 m'_i 分别表示起点和终点溶液中第 i 种组分的摩尔数。

采用 PHREEQC 建立反向模拟的主要步骤为：选择合理的模拟路径→确定矿物项→建立水文地球化学演化模型→计算地下水流通路径上两点间矿物转化量等。

2. 正向地球化学模拟

正向地球化学模拟能很好地用来预测水溶液的化学成分、矿物溶解沉淀量以及水溶液中发生的矿物转换。它是根据已知起点与中间反应量推测终点水化学组分，在原理上与反向模拟相似，都是以质量守恒定律、电荷和电子守恒定律为基础建立的，是一种对地下水中进行的水文地球化学反应结果进行预测的技术手段。正向模拟的典型计算步骤需要先确定可能发生的水-岩相互作用、矿物或气体反应时的物质转移量以及相对应的热力学参数，还需要对地下水化学反应速率及地下水运动速度进行考虑。该模拟可以通过 PHREEQC 中的 SOLUTION 和 EQUILIBRIUM PHASES 数据块来实现。SOLUTION 模块用来完成溶液定义的输入，EQUILIBRIUM PHASES 用来定义反应过程中的平衡状态，当含有这个关键字的数据块与水溶液相联系时，每一相都将溶解或沉淀来达到平衡，或是完全的溶解。正向模拟结果的精确度取决于所给定的反应条件，包括矿物相的选择与约束条件的设置。

4.3.2　反方向定量模拟应用实例——焦作煤矿区

1. 模拟路径选择

在建立水文地球化学反向模拟模型前，需要先确定模拟路径，选取一组沿渗流路径上水化学成分已知的水样点构成模型的起点和终点，且需要充分体现水化学和矿物相的变化。同时，为揭示煤矿开采对地下水环境的影响，本书选取两条不同模拟路径，对现煤矿开采时期和现煤矿关闭时期分别运用 PHREEQC 软件进行水文地球化学反向模拟，分析其径流过程中矿物沉淀、溶解转换量的差异，探究煤矿开采对反应路径的影响，从而揭示煤矿开采对地下水环境的影响。

地下水一般遵循沿径流方向 TDS 逐渐增大的趋势。根据实测地下水水样点数据，选取各模拟路径起点和终点。两条模拟路径遵循沿径流方向 TDS 逐渐增大的规律，旨在模拟径流路径内部的矿物沉淀溶解情况，根据两种径流路径模拟结果的差异性，分析煤矿开采对地下水环境的影响。

根据研究区水文地质条件、含水层矿物鉴定结果及地层岩性特征,选取方解石、白云石、岩盐、石膏及萤石作为参与水-岩相互作用的矿物相。将所选两条路径起点和终点水化学指标输入到 PHREEQC 中,可得到上述各矿物饱和指数,两条模拟路径各起点和终点的水化学特征如表 4-1 所示。

表 4-1　灰岩水两条模拟路径的水化学特征　　　单位:mg/L

相关参数		现煤矿关闭时期		现煤矿开采时期	
		起点	终点	起点	终点
常规组分	K^+	0	0	1.58	0.42
	Na^+	4.20	5.61	37.06	13.78
	Mg^{2+}	18.81	21.94	24.80	24.02
	Ca^{2+}	68.49	96.57	68.06	89.26
	HCO_3^-	219.60	280.60	372.10	282.63
	Cl^-	5.96	10.11	21.58	41.53
	F^-	0.77	0.49	0	0
	SO_4^{2-}	40.61	54.22	43.43	56.80
	$T/℃$	17.00	17.50	25.00	26.00
	pH 值	7.16	7.07	8.15	8.17
饱和指数	方解石	−0.16	−0.02	1.10	1.13
	白云石	−0.64	−0.43	2.12	2.06
	岩盐	−9.16	−8.81	−7.67	−7.82
	萤石	−1.14	−1.43	—	—
	石膏	−1.97	−1.75	−2.03	−1.80

2. 矿物相及模型的建立

模型模拟成功的关键是"可能矿物相"的选取,对"可能矿物相"进行筛选,逐步剔除那些对地下水水化学组分影响较小的矿物相,最终建立一个能够全面反映地下水化学组分变化和矿物分布特征的质量平衡反应模型。选择"可能矿物相"的依据主要有三点:地下水化学测试结果、含水层介质矿物成分及 CO_2、O_2 等气体条件。水样中主要离子可以作为选取"可能矿物相"的参考,一般通过铸体薄片技术、扫描电镜技术等分析确定矿物相,当地下水处于开放系统时,可适当选择 CO_2 或 O_2。由上文 Gibbs 图和氯碱指数图分析结果可知,离子交换作用在地下水中普遍发生,因此,Ca-Na 离子交换、$CO_2(g)$、H_2O 也被选作模型的输入项,最终确定全部的"矿物相",如表 4-2 所示。

表 4-2　"可能矿物相"及反应式

矿物相	表达式	反应式
白云石	$CaCO_3$	$CaCO_3 = Ca^{2+} + CO_3{}^{2-}$
方解石	$CaMg(CO_3)_2$	$CaMg(CO_3)_2 = Ca^{2+} + Mg^{2+} + 2CO_3{}^{2-}$
石膏	$CaSO_4 \cdot 2H_2O$	$CaSO_4 \cdot 2H_2O = Ca^{2+} + SO_4^{2-} + 2H_2O$
岩盐	$NaCl$	$NaCl = Na^+ + Cl^-$
萤石	CaF_2	$CaF_2 = Ca^{2+} + 2F^-$
NaX	NaX	$Na^+ + X^- = NaX$
CaX_2	CaX_2	$Ca^{2+} + 2X^- = CaX_2$
水(g)	$H_2O(g)$	$H_2O(g) = H_2O(a)$
二氧化碳(g)	$CO_2(g)$	$CO_2(g) = CO_2(a)$

根据所选择的矿物相种类,确定模拟的主要目标元素为 F、Ca、Mg、C、S、Na、Cl。因此,可建立的水-岩相互作用模型为:

$$
\begin{cases}
CaCO_3(\text{方解石}) + CaMg(CO_3)_2(\text{白云石}) + CaSO_4 \cdot H_2O(\text{石膏}) + \\
CaF_2(\text{萤石}) + CaX(\text{离子交换}) = \Delta m_{Ca} \\
CaMg(CO_3)_2(\text{白云石}) + MgX(\text{离子交换}) = \Delta m_{Mg} \\
CaF_2(\text{萤石}) = \Delta m_F \\
NaCl(\text{岩盐}) + NaX(\text{离子交换}) = \Delta m_{Na} \\
NaCl(\text{岩盐}) + KCl(\text{钾盐}) = \Delta m_{Cl} \\
CaSO_4 \cdot H_2O(\text{石膏}) = \Delta m_S \\
CaCO_3(\text{方解石}) + 2CaMg(CO_3)_2(\text{白云石}) = \Delta m_C
\end{cases}
\tag{4-14}
$$

3. 模拟结果分析

根据以上所述,将现煤矿关闭时期各项参数代入软件,设置约束条件,根据水化学质量平衡原理,运行 PHREEQC 软件,得到现煤矿关闭时期反向水文地球化学模拟结果,如表 4-3 所示。

表 4-3　现煤矿关闭时期地下水渗流路径反向模拟结果

渗流路径		表达式	模型
矿物交换量 /(mmol/L)	方解石	$CaCO_3$	-1.742
	白云石	$CaMg(CO_3)_2$	-2.937
	石膏	$CaSO_4 \cdot 2H_2O$	-1.534
	岩盐	$NaCl$	-6.051
	萤石	CaF_2	-0.087
	$CO_2(g)$	$CO_2(g)$	-10.880

注:矿物交换量为正值,表示该矿物进行溶解作用,进入地下水中;矿物交换量为负值,表示该矿物进行沉淀作用,离开地下水。

根据表 4-3 可知,方解石、白云石、石膏、岩盐以及萤石均处于过饱和状态,发生沉淀。根据表 4-1,现煤矿关闭时期反向模拟起点和终点的各个矿物饱和指数均小于 0,表明处于未饱和状态,但对比起点和终点,除萤石外,其他矿物均表现出起点饱和指数小于终点饱和指数,这说明地下水从模拟起点通过径流通道到达模拟终点时,饱和指数增大,矿物发生沉淀,与模拟结果相一致,同时矿物沉淀造成 CO_2 逸出水体。造成萤石这种现象的原因可能是矿物的不全等溶解,不同矿物在水中的溶解度不同。

同样,将现煤矿开采时期各项参数代入软件,设置约束条件,根据水化学质量平衡,运行 PHREEQC 软件,得到现煤矿开采时期反向水文地球化学模拟结果,如表 4-4 所示。

表 4-4　现煤矿开采时期地下水渗流路径反向模拟结果

渗流路径		表达式	模型
矿物交换量 /(mmol/L)	方解石	$CaCO_3$	0.609
	白云石	$CaMg(CO_3)_2$	0.830
	石膏	$CaSO_4 \cdot 2H_2O$	0.521
	岩盐	$NaCl$	0.618
	$CO_2(g)$	$CO_2(g)$	2.159

注:矿物交换量为正值,表示该矿物进行溶解作用,进入地下水中;矿物交换量为负值,表示该矿物进行沉淀作用,离开地下水。

根据表 4-4 可知,在现煤矿开采时期,由于模拟路径起点和终点实测数据 F^- 浓度均为 0,此处不考虑萤石的变化规律。在模拟路径起点和终点,方解石、白云石饱和指数均大于 0,表明处于过饱和状态,起点和终点饱和指数较为接近,存在径流路径上出现少许溶解的现象。石膏、岩盐饱和指数均小于 0,但模拟结果显示其均出现溶解现象,这也可能是矿物的不全等溶解造成的。在矿物溶解的过程,部分 CO_2 进入水体,参与水-岩相互作用,因此 CO_2 也出现交换量为正值的现象。

通过对比,发现煤矿开采时期模拟径流路径中矿物普遍溶解,而现煤矿关闭时期普遍沉淀。矿物溶解,表明更多水化学离子进入水体,矿物沉淀则相反。由于水-岩相互作用是研究区地下水水化学环境的主要控制因素,从另一个角度说明,现煤矿开采时期较现煤矿关闭时期的水-岩相互作用更加强烈。

4.3.3　正向定量模拟应用实例——平顶山煤矿区

1. 三元混合质量平衡模型的构建与应用

在构建地下水混合模型之前,要对地下水水化学组分进行主成分分析,通过对多种不同量纲的指标数据进行降维处理以提取主控因素。将矿区 48 个水样中的离子（$K^+ + Na^+$、Ca^{2+}、Mg^{2+}、Cl^-、SO_4^{2-}、HCO_3^-）作为原有分析变量，进行主成分分析，由标准化后的数据求原始数据的相关矩阵，计算特征值与相应的特征向量。主成分 1 与主成分 2 的累计方差贡献率达到 74.039%，可以有效代表原始数据的基本信息。找出围绕所有散点的公共三角形区域，选择水样点 $A(-0.812\ 33, 4.669\ 52)$、$B(-1.186\ 46, -1.766\ 11)$ 和 $C(3.889\ 61, 0.148\ 97)$ 作为矿区含水层地下水补给端元。实际上，A 和 C 水样分别是寒武系灰岩水和煤系砂岩水的典型代表，混合程度较低。而 B 代表当地降水，其在水样中占的比例反映了地下水经历的水文地球化学作用的程度。

从平顶山煤矿区不同含水层水样主成分 1 与主成分 2 的荷载散点图 4-10 中可以看出，矿区灰岩水分布较集中，大部分水样落到了三角形 AB 边附近，主要受到降水的补给。矿区二叠系砂岩水有较独立的聚集区，且大部分水样落到了三角形 BC 边附近，由于平顶山矿区煤层顶板的阻隔作用，该层水样很难与下层水样混合，说明它受到其他含水层的混合影响较少。受采矿影响，矿区砂岩水、石炭灰岩水与寒武灰岩水样点在三角形 ABC 内并不具有相对独立的积聚区，水样点较为靠近 AB 线，大部分散乱分布在三角形内部，因此，含水层中具有很大程度的降水与深层灰岩水的混合。

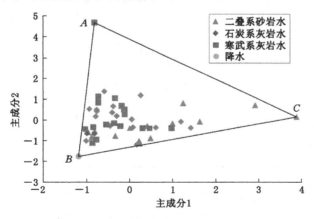

图 4-10　运用主成分分析所得效果判别图

运用常规组分水化学示踪结果并结合氢氧稳定同位素示踪，建立平顶山煤矿区地下水 M3 混合模型。确定由补给端元组成的三角形 ABC，待判水样点 X 位于三角形 ABC 内部，通过计算参考水样点 A、B、C 的混合比例得出水样点 X 的混合程度。根据矿区的主要含水层的水化学特征和混合联系，确定矿区 3 个水样点为补给端元,分别为寒武系灰岩水、降水、煤系砂岩水。

由公式计算出平顶山煤矿区煤层底板灰岩水来自三个补给端元的混合比例,a、b、c分别代表寒武系灰岩水、大气降水、二叠系砂岩水所贡献的混合比例,如表 4-5 所示。

表 4-5　煤层底板灰岩含水层三端元混合比例

类型	f_1	f_2	L_{BM}	L_{CL}	L_{AO}	a	b	c
C1	−0.447 6	−0.282 2	1.234 3	3.673 5	0.857 3	19.15%	67.71%	13.14%
C2	−0.813 5	−0.612 8	1.037 1	4.218 3	0.401 8	16.09%	77.75%	6.16%
C3	−1.013 4	−1.010 6	0.706 9	4.689 3	0.169 6	10.97%	86.43%	2.60%
C4	−0.934 5	0.532 2	2.256 5	3.396 9	0.155 5	35.00%	62.61%	2.38%
C5	−0.782 3	0.169 6	1.826 3	3.569 7	0.383 1	28.33%	65.80%	5.87%
C6	−0.763 6	0.497 6	2.155 0	3.293 4	0.382 7	33.43%	60.70%	5.87%
C7	−0.583 7	1.370 1	2.979 0	2.458 7	0.552 4	46.21%	45.32%	8.47%
C8	−0.404 6	0.369 9	1.885 5	3.119 8	0.864 0	29.25%	57.51%	13.25%
C9	1.423 7	−0.383 8	0.407 1	2.318 2	3.323 6	6.32%	42.73%	50.96%
C10	0.257 1	1.182 9	2.462 4	1.962 8	1.671 3	38.20%	36.18%	25.62%
C11	0.079 6	−0.351 1	0.960 0	3.323 7	1.555 3	14.89%	61.26%	23.84%
C12	1.197 2	−0.092 6	0.792 9	2.259 5	3.003 8	12.30%	41.65%	46.05%
C13	0.609 1	−0.368 7	0.737 4	2.931 4	2.252 2	11.44%	54.03%	34.53%
C14	−0.298 1	0.187 5	1.657 5	3.183 7	1.017 9	25.71%	58.68%	15.61%
C15	0.168 3	−1.192 8	0.063 8	3.927 7	1.736 0	0.99%	72.40%	26.62%
C16	−0.756 1	0.421 7	2.074 3	3.348 3	0.398 3	32.18%	61.72%	6.11%
C17	−0.377 0	0.661 0	2.173 0	2.866 2	0.878 1	33.71%	52.83%	13.46%
C18	0.051 7	0.046 6	1.378 1	3.027 7	1.488 2	21.38%	55.81%	22.82%

根据混合比例计算结果,地下水混合明显。煤层底板灰岩水中,来自降水的混入比例占 36.18%～86.43%,这是因为煤矿开采主要在石炭系含水层进行,往往该层存在降落漏斗,部分降水可通过漏斗直接混入石炭系灰岩水中,再加上降水的侧向补给,从而导致降水所贡献的混合比例较大;由于煤层底板有隔水层,二叠系砂岩水与石炭系灰岩水水力联系较弱,煤系砂岩水所贡献的混合比例较小。但矿区煤田在长期开采与涌水影响下,原地下水循环状态已打破,寒武系与石炭系含水层间水力联系更为密切,寒武系灰岩水混入紧邻的石炭系含水层,造成煤层底板灰岩水中来自寒武系灰岩水的占比高达 46.21%,可见寒武系灰

岩水对煤矿工作安全存在严重的威胁。

2. 正向水文地球化学模拟校正混合比例

通过上述对煤矿区氢氧稳定同位素的定性分析以及水化学离子的混合比例计算,确立地下主要含水层地下水之间发生了混合,煤层底板灰岩水同时受到降水、二叠系砂岩水、寒武系灰岩水的混合。但由于基于水化学离子构建的 M3 混合模型是理想的概念模型,并没有考虑在地下水循环的过程中水-岩相互作用对混合比例的影响,因此,本书在质量平衡模拟和饱和指数计算的基础上,通过 PHREEQC 中的 EQUILIBRIUM PHASES 数据块对降水所经历的水文地球化学作用进行正向模拟,构建 PHREEQC-M3 混合模型,消除混合比例计算时水-岩相互作用引起的误差,从而定量分析多含水层地下水之间的混合程度,对三端元混合概念模型进行校正。

根据测定的地层岩性资料可知,矿区地下含水层主要由白云石、方解石、萤石、岩盐、石膏等矿物组成,暂选取白云石、方解石和石膏作为矿物相。

首先,采用 PHREEQC 软件对 45 个地下含水层水样 D_i(除端点 A、B、C 外)进行饱和指数计算,在此基础上以降水 B 为起始点,白云石、方解石和石膏为矿物相,饱和指数为约束条件,利用正向模拟得到每个水样点的模拟值 B'_i,并与降水 B 初始值做差值得到 ΔB_i,对每个水样点的水化学离子进行校正,得到校正值 D'_i,如式(4-15)、式(4-16)所示,消除地下水径流过程中水-岩相互作用对混合作用的影响。

$$\Delta B_i = B'_i - B \qquad\qquad (4\text{-}15)$$
$$D'_i = D_i - \Delta B_i \qquad\qquad (4\text{-}16)$$

再次对消除水-岩相互作用影响后的各水样 D'_i 做主成分分析,得到两大主成分 F_1 与 F_2,利用二端元与三端元线性端元混合比例计算模型。

在某一层位的地下水循环系统中,水流一般被认为从 TDS 小区域向 TDS 大区域运移。因此,二叠系含水层水样径流途径为 CS6→CS1,石炭系含水层水样径流途径为 C3→C9,寒武系含水层水样径流途径为 ϵ7→ϵ15,地下水各含水层水样模拟校正前后三端元混合比例对比如图 4-11 所示。

由图 4-11 可知,三个含水层中降水所占比例最高,且伴随着地下水的径流,降水所贡献的混合比例逐渐降低。二叠系砂岩水的水化学类型主要受地下水的混合作用控制,受煤矿开采影响较小,地下水滞留时间较长,接近饱和,受水-岩相互作用较弱;煤层底板灰岩水的水化学类型受混合作用和水-岩相互作用共同控制,其中降水和寒武系灰岩水对其补给时,受到水-岩相互作用较强,二叠系砂岩水对其补给时,受到的水-岩相互作用较弱;寒武系灰岩水的水化学类型受混合作用和水-岩相互作用共同控制,且受煤矿开采和涌水影响,寒武系灰岩水不断接受补给,大气降水对其补给时,受到水-岩相互作用较强,二叠系砂岩水对其补给时,受到的水-岩相互作用较弱。

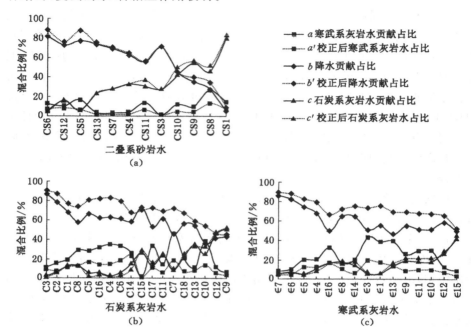

图 4-11　含水层水样模拟前后不同端元混合比例对照图

注:a'、b'、c'分别代表消除水-岩相互作用后寒武系灰岩水、降水和二叠系砂岩水所贡献的混合比例。

4.3.4　地下水演化规律

1. 平顶山煤矿区

平顶山煤矿区受降雨的补给,但降水所贡献的混合比例逐渐降低。第四系水赋存在砂岩孔隙介质中,渗透性较好,容易受富含 CO_2 大气降水的直接入渗补给,水中 HCO_3^- 相对含量较高;二叠系砂岩水的水化学类型主要受地下水的混合作用控制,地下水滞留时间较长,接近饱和,受水-岩相互作用较弱;石炭系含水层脱硫酸作用和地下水硬化作用不明显,岩溶含水层开放程度较高;寒武系灰岩水赋存于碳酸盐岩裂隙中,因其埋藏较深与大气间的隔离层厚,环境封闭,故相比较石炭系含水层 HCO_3^- 含量相对较低。其水化学类型受混合作用和水-岩相互作用共同控制。

在煤田开采情况下,随着石炭系水位下降,加快了第四系水对石炭系水的补给,部分石炭系水样逐渐向第四系水化学类型相似方向演化,且阳离子交替吸附作用增强,黄铁矿氧化作用或地下水硬化作用增强,地下水中高 Ca^{2+}、Mg^{2+} 易与携带 Cl⁻ 的含水层介质产生阳离子交换吸附从而使石炭系水表现 Cl⁻ 的累积，"咸化"明显。其余含水层受采动影响较小，水化学变化不明显。

2. 焦作煤矿区

对于焦作煤矿区，不同含水层多年地下水分布十分散乱，混合明显。第四系孔隙水、石炭系灰岩水与奥陶系灰岩水，三者间水力联系密切，相互间存在越流、断层、陷落柱或导水天窗等形式的补给或排泄，地下水混合程度较高，二叠系含水层水以静储量为主，与其他含水层水力交换较弱，离子交换作用强烈。其中，第四系含水层地下水脱硫酸作用及阳离子交替吸附作用较弱，含水层的开放程度较大，水化学除了受矿物溶解控制外，还受到一定程度的蒸发作用。深层灰岩水以碳酸岩、硫酸岩溶解及黄铁矿氧化作用为主，伴随一定程度的阳离子交替吸附及脱硫酸作用。

随着开采逐渐向深部进行，石炭系与奥陶系灰岩含水层矿物溶解造成地下水中 Ca²⁺、Mg²⁺ 含量增加，脱硫酸作用逐渐减弱，地下水水化学朝着"硬化"的方向不断演化，同时煤田开采使含水层的封闭程度受到破坏且含水层的封闭程度受到破坏，地下水的交替速率增加，从而影响水-岩相互作用的发生程度。

参 考 文 献

陈陆望，许冬清，刘延娴，等，2017.宿县矿区主要突水含水层水文地球化学模拟[J].安徽理工大学学报（自然科学版），37(6):27-33.

冯海波，董少刚，张涛，等，2019.典型草原露天煤矿区地下水环境演化机理研究[J].水文地质工程地质，46(1):163-172.

高连芬，伍震威，刘曼曼，2020.新集矿区深层地下水水文地球化学特征与成因分析[J].能源与环保，42(8):98-102.

何明喜，2016.水文地球化学正向模拟及其应用[J].建筑知识，36(11):228-229.

黄平华，陈建生，宁超，等，2010.焦作矿区地下水水化学特征及其地球化学模拟[J].现代地质，24(2):369-376.

郎旭娟，李方红，韩思航，等，2021.地下水水化学特征及演变研究综述[J].农业与技术，41(5):72-75.

刘贯群，朱利文，孙运晓，2019.大沽河下游地区地下咸水的水化学特征及成因[J].中国海洋大学学报（自然科学版），49(5):84-92.

刘凯旋，刘启蒙，柴辉婵，等，2019.孙疃矿区地下水化学特征及其控制因素研究[J].煤炭工程，51(4):74-79.

刘旭东，许峰，石磊，等，2021.乌东煤矿地下水水化学特征及其指示[J].煤炭工程,53(4):115-119.

隋海波,康凤新,李常锁,等,2017.水化学特征揭示的济北地热水与济南泉水关系[J].中国岩溶,36(1):49-58.

孙林华,桂和荣,2013.皖北桃源矿深部含水层地下水地球化学数理统计分析[J].煤炭学报,38(增刊2):442-447.

王焰新,马腾,罗朝晖,等,1998.山西柳林泉域水-岩相互作用地球化学模拟[J].地球科学,23(5):3-5.

武亚遵,潘春芳,林云,等,2018.鹤壁矿区奥陶系灰岩地下水水文地球化学特征及反向模拟[J].水资源与水工程学报,29(4):25-32.

徐中华,2010.鄂尔多斯盆地南区保安群地下水水化学特征及演化机理[D].西安:长安大学.

杨萌,陈金平,阴祥诚,2020.利用PHREEQC对辛置煤矿含水层进行正向模拟[J].内蒙古煤炭经济,3:59-60.

杨雪,胡俊良,刘劲松,等,2018.湖南香花岭矿区地下水的水文地球化学特征及形成机制[J].环境科学学报,38(7):2575-2585.

姚宁,龚庆杰,王旭阳,等,2020.北京怀柔地区白云岩蚀变过程中的元素含量两端元混合模型[J].现代地质,34(5):945-956.

余东,周金龙,张杰,等,2021.新疆喀什地区地下水铁锰水文地球化学及演化规律[J].环境科学学报,41(6):2169-2181.

曾妍妍,周金龙,乃尉华,等,2020.新疆喀什噶尔河流域地下水形成的水文地球化学过程[J].干旱区研究,37(3):541-550.

张群利,郭会荣,吴孔军,等,2011.荥巩矿区岩溶地下水系统的水文地球化学特征及其指示意义[J].水文地质工程地质,38(2):1-7.

张未,程东会,齐丽军,2016.吉林省长岭县浅层地下水水文地球化学演化规律分析[J].水资源与水工程学报,27(5):59-63.

张彦鹏,余绍文,黎清华,等,2021.海南岛北部剥蚀平原区浅层地下水水化学特征的形成与演化[J].安全与环境工程,28(3):52-60.

张玉卓,徐智敏,张莉,等,2021.山东新巨龙煤矿区场地高TDS地下水水化学特征及成因机制[J].煤田地质与勘探,49(5):52-62.

周鑫,马致远,席临平,等,2012.咸阳城区热储流体混合作用研究及模拟计算[J].地下水,34(3):36-39.

LAAKSOHARJU M, GASCOYNE M, GURBAN I, 2008. Understanding groundwater chemistry using mixing models[J]. Applied geochemistry, 23(7):1921-1940.

第5章　基于水化学的矿井水源识别技术

矿井突水事故对煤炭资源的威胁较为突出,常会造成采区局部甚至完全被淹没的情形,使得矿井生产效率降低或停滞,造成巨大的经济损失。以焦作和平顶山为代表的典型华北型煤田,在生产过程中存在涌水量大、突水频繁等水害问题,常造成淹井事故,同时增加煤炭产出的排水费用,使得吨煤的生产成本增加,严重时还会造成重大的财产损失和人员伤亡事故。因此,如何快速准确地识别突水水源对煤矿防治水工作有着重要的实际意义。在矿井开发与生产时,不同来源的水通过不同通道涌入矿井或巷道之下,矿井涌水水源具有复杂的多源性,地表水、大气降水、地下水均可能是其来源。水害事故对人身安全以及经济发展都造成了极大的威胁,因此需要快速判断出突水水源来源。我国的煤矿水文地质条件极其复杂,煤田通常处于与地下水资源耦合的状态,在进行煤矿开采时,势必会造成含水层水力联系加强,混合作用加剧,导致地下水过渡类型增多,难以精准识别混合涌水水源。长期以来,矿山涌水一直都是影响矿井安全生产的重要难题,涌水水源判别的精度高低对于保障矿山的安全生产具有重大意义。

本章应用了4种不同类别水源识别技术,在华北型煤田的应用中均表现出较高的精度,为矿井突水水源识别研究工作提供一定参考。

5.1　涌水水源识别模型原理

不同水体赋存的水文地质环境不同而具有不同的演化规律,造就了其不同的水化学和同位素特征,一般的水源识别方法正是基于这一现象而设计的。现存水源识别的大部分方法均基于统计学原理,近年来计算机技术的快速发展,使井涌水识别方面融合了很多新的理论和方法,促进了水源识别技术的更新迭代。

水源识别模型建立的一般步骤为:

(1)先获取数据信息并进行处理。原始数据往往具有不同的量纲,或相差几个数量级的大小,杂乱的数据需要进行如归一化、降维等方式处理,提取其中的有效信息。

（2）数据通常具有多个指标，而真正能代表突水来源的指标可能只有其中数个，故需要根据实际情况赋予各指标权重。求取权重的方法有专家打分法、AHP 法、熵权法等，这些方法得到的权重均为恒定的常权，与之相对的是变权理论。变权理论可以根据实际生产情况和数据的组间大小分布，进一步微调权重，较常权法具有更高的灵活性和准确度。

也有部分水源识别模型的参数不包含权重，故无此步骤。

（3）第三个步骤最为关键，需要根据某种判别方式将数据处理出特定形式的结果，再结合判别原理识别水源。常见的方法有隶属度原理、Fisher 理论、Bayes 判别矩阵等。

下面按应用类别介绍几种常用的处理方法。

5.1.1 数据处理方法

1. 聚类分析

聚类分析是基于变量间的相似度把样本分成几个不同类别的一种统计方法。主要原理是先将 n 个不同的样品看成不同的 n 类，然后将性质最接近的两类合并为一类；再从 $n-1$ 类中找到最接近的两类加以合并，以此类推直到所有的样品被合并为一类为止。聚类分析处理常用的软件为 SPSS。

2. 主成分分析

主成分分析（PCA）法是一种对原始数据压缩和特征信息提取的方法。在用统计分析方法研究多变量的课题时，变量个数太多就会增加课题的复杂性。当变量间存在相关性时，就可利用主成分分析法将数量较多的数据信息通过降维提取出综合变量，既能够表达出原有信息变量，又能保持变量间的独立性。

PCA 法基本原理如下：

将 P 个观测变量综合成为 Y 个新的变量，即

$$\begin{cases} Y_1 = a_{11}x_1 + a_{12}x_2 + \cdots + a_{1p}x_p \\ Y_2 = a_{21}x_1 + a_{22}x_2 + \cdots + a_{2p}x_p \\ \cdots \\ Y_p = a_{p1}x_1 + a_{p2}x_2 + \cdots + a_{pp}x_p \end{cases} \tag{5-1}$$

式中，满足 Y_i，Y_j 互不相关（$i \neq j$，$i,j = 1,2,3,\cdots,p$）；Y_1 的方差大于 Y_2 的方差，Y_2 的方差大于 Y_3 的方差，依此类推；$ak_{12} + ak_{22} + ak_{32} + \cdots + ak_{m2} = 1$，$K = 1,2,3,\cdots,p$。

步骤如下：

（1）对原始数据进行标准化处理：

$$X_{ij} = \frac{x_{ij} - \overline{x}_j}{\sqrt{\text{var}(x_j)}} \tag{5-2}$$

其中：

$$\overline{x}_j = \frac{1}{n} \sum_{i=1}^{n} x_{ij} \tag{5-3}$$

$$\text{var}(x_{ij}) = \frac{1}{n-1} \sum_{i=1}^{n} (x_{ij} - \overline{x}_j)^2 \tag{5-4}$$

（2）计算样本的相关系数矩阵：

$$\boldsymbol{R} = \begin{bmatrix} r_{11} & r_{12} & \cdots & r_{1p} \\ r_{21} & r_{22} & \cdots & r_{2p} \\ \vdots & \vdots & \cdots & \vdots \\ r_{p1} & r_{p2} & \cdots & r_{pp} \end{bmatrix} \tag{5-5}$$

假设原始数据标准化处理后还用 x 表示，则经过标准化处理后的数据的相关系数为：

$$r_{ij} = \frac{1}{n-1} \sum_{i=1}^{n} x_{ii} x_{ij} (i,j = 1,2,\cdots,p) \tag{5-6}$$

（3）用雅克比法求相关系数矩阵 $\boldsymbol{R}$ 的特征值$(\lambda_1, \lambda_2, \lambda_3, \cdots, \lambda_p)$和相应的特征向量 $\boldsymbol{\alpha}_i = (a_{i1}, a_{i2}, \cdots, a_{ip})$，$i = 1,2,3,\cdots,p$。

（4）提取主成分，并写出主成分表达式：

基于主成分分析法可以得到 p 个新的主成分。其中，由于各个主成分的贡献率是逐步递减的（贡献率是指某个主成分的方差占总方差的比重），因此包含的信息量也是逐步减少的。在实际应用中，主成分个数 n 的选取主要依据累积贡献率的大小来决定，为了确保新建综合变量能包含原始变量的绝大多数信息，实际应用中一般要求累计贡献率达到 85% 以上。

（5）计算主成分得分：

首先将原始数据进行标准化，然后将经过标准化的样本数据分别代入主成分表达式，就可以得到各地下水水样数据的主成分得分。具体形式如下：

$$\begin{bmatrix} Y_{11} & Y_{12} & \cdots & Y_{1k} \\ Y_{21} & Y_{22} & \cdots & Y_{2k} \\ \vdots & \vdots & \vdots & \vdots \\ Y_{n1} & Y_{n2} & \cdots & Y_{nk} \end{bmatrix}$$

5.1.2　常用求权重方法

常采用熵权法计算权重。熵值越大，说明该因子所拥有的代表信息越大，代表性越大，相反，熵值越小，则表示该事物某个因子的信息代表性越小。利用熵

权法计算各个水化学离子的权重相对因子分析法更加客观,可将样本中的各个指标的化学信息进行量化,权重计算如下:

假设待测样本为 m 个,每个样本有 n 个化学指标,可建立矩阵 $\boldsymbol{R}$:

$$\boldsymbol{R} = \begin{bmatrix} r_{11} & r_{12} & \cdots & r_{1n} \\ r_{21} & r_{22} & \cdots & r_{2n} \\ \vdots & \vdots & \cdots & \vdots \\ r_{m1} & r_{m2} & \cdots & r_{mn} \end{bmatrix} \tag{5-7}$$

矩阵中 r_{ij} 代表 4 个含水层各个指标的平均值($i=1,\cdots,m; j=1,2,\cdots,n$)。

令

$$V_{ij} = \frac{r_{ij}}{\sum\limits_{i=1}^{m} r_{ij}} \tag{5-8}$$

其熵值为 H_i:

$$H_i = \frac{\sum\limits_{i=1}^{m} V_{ij} \ln V_{ij}}{\ln m} \tag{5-9}$$

若式中 $V_{ij}=0$,则 $H_j=0$。

其权重值为 W_j:

$$W_j = \frac{1 - H_j}{\sum\limits_{j=1}^{n} (1 - H_j)} \tag{5-10}$$

5.1.3　识别方法

1. Fisher 理论

Fisher 判别分析基本思想是投影,即将高维数据点投影到低维空间上,然后利用一元方差分析,按照类间距离最大、类内距离最小的准则建立线性判别函数,依据相应的判别准则即可判别待测样品的类别。利用 Fisher 判别分析可以巧妙地回避"维数祸根",以一维方法解决高维数问题。

设有 m 个总体 $G_1, G_2, \cdots, G_m$,相应的均值和相关系数矩阵分别为 $\mu^{(1)}, \mu^{(2)}, \cdots, \mu^{(m)}; V^{(1)}, V^{(2)}, \cdots, V^{(m)}$。

从总体 G_i 中抽取容量为 n_i 的样本为:

$$\boldsymbol{X}_a^{(i)} = (X_{a1}^{(i)}, X_{a2}^{(i)}, \cdots, X_{ap}^{(i)})^{\mathrm{T}}。$$

则

$$\boldsymbol{u}^{\mathrm{T}} \boldsymbol{X}_a^{(i)} = (u_1 X_{a1}^{(i)}, u_2 X_{a2}^{(i)}, \cdots, u_p X_{ap}^{(i)})$$ 为 $\boldsymbol{X}_a^{(i)}$ 在轴上的投影。

其中:

$$\alpha = 1, 2, \cdots, n_i; i = 1, 2, \cdots, m$$

向量 $\boldsymbol{u} = (u_1, u_2, \cdots, u_p)^T$，表示 p 维空间中的 1 个方向。

$\boldsymbol{Y} = \boldsymbol{u}^T \boldsymbol{X}$，为 $\boldsymbol{u}$ 与 $\boldsymbol{X}$ 的内积，即 $\boldsymbol{X}$ 在 $\boldsymbol{u}$ 轴上的投影为：

$$\overline{X}^{(i)} = \frac{1}{n_i} \sum_{i=1}^{n_i} X_{(\alpha)}^{(i)}$$

$$\overline{X} = \frac{1}{n} \sum_{i=1}^{m} \sum_{\alpha=1}^{n_i} X_{(\alpha)}^{(i)}$$

其中：$n = \sum_{i=1}^{m} n_i$；$\overline{X}^{(i)}$ 和 $\overline{X}$ 分别为样本均值和总样本均值。于是，组内差为：

$$e = \sum_{i=1}^{m} \sum_{\alpha=1}^{n_i} (\boldsymbol{u}^T X_{(\alpha)}^{(i)} - \boldsymbol{u}^T \overline{X}^{(i)})^2$$

$$= \boldsymbol{u}^T \left\{ \sum_{i=1}^{m} \left[\sum_{\alpha=1}^{n_i} (X_{(\alpha)}^{(i)} - \overline{X}^{(i)})(X_{(\alpha)}^{(i)} - \overline{X}^{(i)})^T \right] \right\} \boldsymbol{u}$$

$$= \boldsymbol{u}^T \left(\sum_{i=1}^{m} S_i \right) \boldsymbol{u} = \boldsymbol{u}^T \boldsymbol{W} \boldsymbol{u}。$$

其中：S_i 是 G_i 中 n_i 个样本 $\boldsymbol{X}_{\alpha}^{(i)}$（$\alpha = 1, 2, \cdots, n_i$）的样本离差阵，组间差为：

$$b = \sum_{i=1}^{m} \sum_{\alpha=1}^{n_i} (\boldsymbol{u}^T \overline{x}^{(i)} - \boldsymbol{u}^T \overline{x})^2 = \boldsymbol{u}^T \left[\sum_{i=1}^{m} (\overline{X}^{(i)} - \overline{X})(\overline{X}^{(i)} - \overline{X})^T \right] \boldsymbol{u}$$

$$= \boldsymbol{u}^T \boldsymbol{B} \boldsymbol{u}。$$

令 $\Phi = \dfrac{b}{e} = \dfrac{\boldsymbol{u}^T \boldsymbol{B} \boldsymbol{u}}{\boldsymbol{u}^T \boldsymbol{W} \boldsymbol{u}}$。为了使 Φ 达到最大，且使解有唯一性，令 $\boldsymbol{u}^T \boldsymbol{W} \boldsymbol{u} = 1$。于是，问题就转化为在条件 $\boldsymbol{u}^T \boldsymbol{W} \boldsymbol{u} = 1$ 下求使 $\boldsymbol{u}^T \boldsymbol{B} \boldsymbol{u}$ 达到最大的 $\boldsymbol{u}$。用 Lagrange 乘数法，令

$$F = \boldsymbol{u}^T \boldsymbol{B} \boldsymbol{u} - \lambda(\boldsymbol{u}^T \boldsymbol{W} \boldsymbol{u} - 1)$$

对上式求偏微分，并使之为 0，即

$$\frac{\partial F}{\partial u} = 2\boldsymbol{B}\boldsymbol{u} - 2\lambda \boldsymbol{u} \boldsymbol{W} = 0$$

经进一步整理得：

$$(\boldsymbol{W}^{-1} \boldsymbol{B} - \lambda \boldsymbol{I}) \boldsymbol{u} = 0$$

这表明 λ 应是 $\boldsymbol{W}^{-1} \boldsymbol{B}$ 的最大特征值 $\lambda_{\max}$，$\boldsymbol{u}$ 就是 $\lambda_{\max}$ 所对应的特征向量，进而可以求出 Fisher 判别函数。

2. 隶属度原理

（1）相对差异度的计算

在 x 坐标轴上，选取 a、b、m、c、d 五个点，令这五个点的位置关系如图 5-1 所示。

图 5-1　待判水样的区间分布图

设 x 为 x 轴上的任一点,则 x 落入 m 点左右两侧的计算公式为:

左侧:

$$D_{ij} = \frac{x-a}{m-a}, x \in [a,m] \tag{5-11}$$

$$D_{ij} = \frac{x-a}{a-c}, x \in [c,a] \tag{5-12}$$

右侧:

$$D_{ij} = \frac{x-b}{m-b}, x \in [m,b] \tag{5-13}$$

$$D_{ij} = \frac{x-b}{b-d}, x \in [b,d] \tag{5-14}$$

当 $X \notin [c,d]$,$D_{ij} = -1$

其相对隶属度 μ_j 为:

$$\mu_j = \frac{D_{ij}+1}{2} \tag{5-15}$$

(2)综合相对隶属度

令 u 为综合相对隶属度,w_{ij} 为第 i 个样本中第 j 个指标的权重值,μ_j 为样本对每个指标的相对隶属度,则

$$u = \frac{1}{1+\left(\dfrac{d_1}{d_2}\right)^a} \tag{5-16}$$

其中:

$$d_1 = \left\{ \sum_{j=1}^{n} \left[w_j (1-\mu_j) \right]^p \right\}^p$$

$$d_2 = \left[\sum_{j=1}^{n} (w_j \cdot \mu_j) \right]$$

式中,n 为指标数,参数 a 为优化准参数,p 为距离参数,本书的计算中采用海明距离($a=1$,$p=1$)。

5.2　涌水水源识别模型构建及应用

根据前文提出的识别步骤,我们提出了几种水源识别判别模型,这些模型被应用在不同的地区，并通过实地采用获取的数据，验证了其有效性。

5.2.1　线性识别模型

1. Piper-熵权-等效数值水源识别模型

此模型的应用共采用地下水的分析样本41个，其中包含了3个地表水水样，7个第四系含水层地下水水样，5个二叠系砂岩地下水水样，14个石炭系灰岩地下水水样，12个寒武系灰岩地下水水样，其中主要包含 $K^+ + Na^+$、Ca^{2+}、Mg^{2+}、Cl^-、SO_4^{2-}、HCO_3^-、总硬度、矿化度、pH值等9项指标。

等效数值法采用水化学指标来判断水样点来源。随机选择10个水样作为待识别样本用来验证水源识别模型，其余水样作为训练水样用来建立十三矿水源判别模型，采用常规水化学离子 $Na^+ + K^+$、Ca^{2+}、Mg^{2+}、Cl^-、SO_4^-、HCO_3^- 的离子浓度作为六大判别指标，二叠系含水层、石炭系含水层、第四系含水层、寒武系含水层4个含水层作为最终分类结果建立水源判别模型。

（1）典型水样的确定

地下水主要成分的水化学组由常规离子、微量元素离子构成，根据 Ca^{2+}、Mg^{2+}、$Na^+ + K^+$、HCO_3^-、Cl^-、SO_4^{2-} 主要离子含量分析能够反映地下水中大部分的水化学信息。Piper 三线图分别以主要阴阳离子毫克当量的百分数确定在等腰三角形域中的单点位置，表示地下水中溶解物质的相对浓度，左边三角形代表着阳离子特征，右边三角形象征着水样中阴离子特征，根据阴阳离子两单点的位置作射线投影到菱形区域相交于一点，代表着地下水总的水化学性质。地下水的化学成分在三线图上的变动范围是有迹可循的，通过水样在 Piper 三线图上的分布情况，根据赋存的水文地质环境条件，可以用来解释一些复杂的水文地质问题。

将采集、收集的平顶山煤田十三矿样品数据绘制在 Piper 图上，由图 5-2 可以看出，第四系含水层地下水与二叠系砂岩地下水的水化学类型存在较大的差异。第四系含水层地下水阳离子主要以 Ca^{2+} 为主，Ca^{2+} 毫克当量的百分占比主要范围在 $60\% \sim 80\%$ 之间，Mg^{2+} 毫克当量的百分占比主要范围在 $15\% \sim 25\%$ 之间，$Na^+ + K^+$ 毫克当量的百分占比主要范围在 $0\% \sim 20\%$ 之间；阴离子主要以 HCO_3^- 为主，HCO_3^- 毫克当量的百分占比主要范围在 $60\% \sim 80\%$ 之间，SO_4^{2-} 毫克当量的百分占比主要范围在 $10\% \sim 30\%$ 之间，Cl^- 毫克当量的百分占比主要范围在 $0\% \sim 20\%$ 之间。综上所述，第四系含水层地下水主要水化学类型为 HCO_3-Mg-Ca。由于 S9 水样 $Na^+ + K^+$ 含量占比明显超出其他样本，水化学类型与大部分水样存在差异，将其作为错位水样进行剔除，不作为第四系含水层地下水典型水样。

二叠系砂岩地下水阳离子主要以 $Na^+ + K^+$ 为主，$Na^+ + K^+$ 毫克当量的百

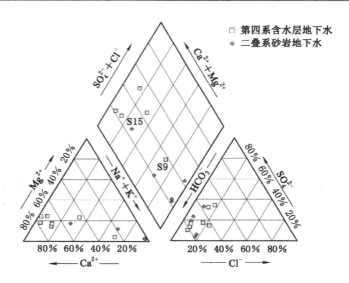

图 5-2 十三矿第四系含水层地下水和二叠系砂岩地下水 Piper 图

分占比主要范围在 70%～95% 之间，Ca^{2+} 毫克当量的百分占比主要范围在 0%～20% 之间，Mg^{2+} 毫克当量的百分占比主要范围在 0%～20% 之间；阴离子主要以 HCO_3^- 为主，HCO_3^- 离子毫克当量的百分占比主要范围在 50%～80% 之间，SO_4^{2-} 毫克当量的百分占比主要范围在 0%～40% 之间，Cl^- 毫克当量的百分占比主要范围在 0%～20% 之间。综上所述，二叠系砂岩水主要水化学类型为 HCO_3-Na。由于 S15 水样 Na^+ 含量占比明显低于其他样本，水化学类型与大部分水样存在差异，将其作为错位水样进行剔除，不作为二叠系砂岩地下水典型水样。

由图 5-3 可以看出，部分石炭系灰岩地下水位于 Piper 三线图的右下角与寒武系灰岩地下水水化学类型有着明显的差异，但另一部分石炭系灰岩水样与寒武系灰岩地下水的水样有部分重叠。石炭系灰岩地下水阳离子主要以 $Na^+ + K^+$ 为主，$Na^+ + K^+$ 毫克当量百分占比的范围在 60%～90% 之间，Ca^{2+} 毫克当量百分占比的范围在 10%～40% 之间，Mg^{2+} 毫克当量百分占比主要范围在 0%～40% 之间；阴离子主要以 HCO_3^- 为主，HCO_3^- 毫克当量百分占比的范围在 60%～80% 之间，SO_4^{2-} 毫克当量百分占比主要范围在 0%～40% 之间，Cl^- 毫克当量百分占比的范围在 10%～40% 之间。综上所述，石炭系灰岩地下水主要水化学类型为 HCO_3-Na 和 HCO_3-Ca-Na，由于 S20、S21、S24、S27 水样水化学类型为 Cl-HCO_3-Mg-Na-Ca 与 SO_4-HCO_3-Mg-Ca-Na，水化学类型与大部分水样存在差异，将其作为错位水样进行剔除，不作为石炭系灰岩地下水典型水样。

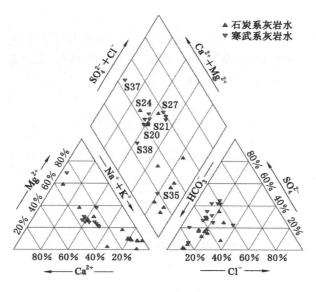

图 5-3 十三矿石炭系、寒武系灰岩地下水 Piper 图

寒武系灰岩地下水水化学类型比较复杂,阴阳离子含量相对比较均匀,$Na^+ + K^+$ 毫克当量的百分占比主要范围在 $40\% \sim 70\%$ 之间,Ca^{2+} 毫克当量的百分占比主要范围在 $20\% \sim 40\%$ 之间,Mg^{2+} 毫克当量的百分占比主要范围在 $20\% \sim 40\%$ 之间,HCO_3^- 毫克当量的百分占比主要范围在 $60\% \sim 80\%$ 之间,SO_4^{2-} 毫克当量的百分占比主要范围在 $20\% \sim 40\%$ 之间,Cl^- 毫克当量的百分占比主要范围在 $0\% \sim 20\%$ 之间。综上所述,寒武系灰岩含水层主要水化学类型为 HCO_3-SO_4-Mg-Ca-Na 和 SO_4-HCO_3-Mg-Ca-Na。由于 S35、S37、S38 水样水化学类型与大部分水样存在差异,将其作为错位水样进行剔除,不作为寒武系灰岩地下水典型水样。

(2)权重的确定

各水化学指标的权重影响着判别结果,将所有指标变量当作同种重要的权重,会夸大或忽略某些水化学指标的作用,造成水源识别结果精确度较低。熵权法确定的权重能够避免人的主观性影响,增强各个指标间的分辨意义和差异性,全面反映各类信息,使得到的权重符合实际,提高模型的准确性。

熵是热力学中的重要概念,是物质系统无序状态的量度,反映了信息的紊乱程度。系统越混乱、无序度越大,熵值就越大;无序度越小、系统越有序,熵值就越小。将熵的概念引入信息论,则表示一个信息源发出的信号状态的不确定程度,因此可以通过信息熵评价各个判别因素的无序化程度和效用来确定水化学指标的权重。

如果有 m 个样品，每个样品有着 n 项评价指标，就可以通过评价矩阵 $[\boldsymbol{Y}] = (y_{ij})_{m \times n}$ 来表示，将原始的评价矩阵 $[\boldsymbol{Y}]$ 进行归一化计算可以得到一个新的矩阵 $[\boldsymbol{X}] = (x_{ij})_{m \times n}$。其中归一化公式为：

$$x_{ij} = \frac{y_{ij} / \max y_j}{\sum\limits_{j=1}^{n} y_{ij} / \max y_j} \tag{5-17}$$

通过矩阵 $[\boldsymbol{X}] = (x_{ij})_{m \times n}$，根据公式计算可以得到第 $j(j = 1, 2, 3, \cdots, n)$ 项指标的熵 e_j：

$$e_j = -k \sum\limits_{j=1}^{n} f_{ij} \cdot \ln f_{ij} \tag{5-18}$$

式中，$f_{ij} = \dfrac{x_{ij}}{\sum\limits_{i=1}^{m} x_{ij}}$，$k = \dfrac{1}{\ln m}$ 并假定 $f_{ij} = 0$ 时，$f_{ij} \cdot \ln f_{ij} = 0$。对应相应指标的熵权定义为公式(5-19)，其中 $\sum\limits_{j=1}^{n} w_j = 1$。

$$w_j = \frac{1 - e_j}{n - \sum\limits_{j=1}^{n} e_j} \tag{5-19}$$

通过平顶山十三矿采集的 31 个主要突水含水层的水化学数据，通过 Piper 三线图分析不同含水层的水化学分布及类型，剔除差异较大的水样，选用典型水样的 $Na^+ + K^+$、Ca^{2+}、Mg^{2+}、Cl^-、SO_4^{2-}、HCO_3^- 的离子浓度作为判别指标计算权重大小。将典型水样数据通过公式 (5-17) 归一化处理，结合式 (5-18)、式 (5-19) 分别计算典型水样的信息熵和权重大小，结果如表 5-1 所示。从表中可以看出地下水各离子的熵值均接近于 1，说明十三矿主要突水含水层之间的水化学含量差异较大，表现出较高的无序性。而 $Na^+ + K^+$、Ca^{2+}、SO_4^{2-} 这三种指标的熵权值比较其他水化学指标所占比重较大，表明在 4 个突水含水层中这 3 种指标差异明显，能够对正确地判别水样的来源起着重要的作用。

表 5-1　十三矿地下水的信息熵和权重值

指标	$K^+ + Na^+$	Ca^{2+}	Mg^{2+}	Cl^-	SO_4^{2-}	HCO_3^-
熵值	0.917 5	0.907 0	0.953 1	0.980 7	0.928 2	0.969 4
权重	0.239 7	0.270 3	0.136 3	0.056 1	0.208 7	0.088 9

（3）Piper-熵权-等效数值水源识别模型的建立

　　等效数值原理是将不同单位、大小的判别指标通过等效数值计算转换为一种无量纲的实数,其区间范围在 [0,1] 之间。而对于突水水源识别模型的建立来说,假定某一研究区有 n 个主要突水含水层,测试各含水层的水化学数据,由此可以得到 m 个判别指标,通过式(5-20)可以将测定的某一水样的水化学指标转化为指标值均大于等于 0 的实数 $f_{ij}(i \in m, j \in n)$。

$$f'_{ij} = f'_i/(|f_{ij} - f'_i| + f'_i) \tag{5-20}$$

式中,f'_i 代表突水点水化学指标值;f_{ij} 代表 j 含水层的水化学指标值。

　　对煤矿开采影响较大的突水含水层主要有:第四系含水层、二叠系砂岩含水层、石炭系灰岩含水层和寒武系灰岩含水层,分别以Ⅰ、Ⅱ、Ⅲ、Ⅳ表示。运用等效数值理论对某一水样的水源进行判别的前提是先对含水层确定一个标准值,能够代表整个含水层部分的水化学信息。通过前文确定的典型水样值,将各含水层水化学指标的算术平均值作为该含水层的标准水化学含量,其指标大小见表 5-2。

表 5-2　十三矿主要突水含水层标准水样水化学指标　　单位:mg/L

含水层	$K^+ + Na^+$	Ca^{2+}	Mg^{2+}	Cl^-	SO_4^{2-}	HCO_3^-
第四系含水层	34.67	108.74	19.67	37.77	105.53	308.00
二叠系砂岩含水层	418.22	17.56	9.69	67.96	159.73	715.24
石炭系灰岩含水层	292.08	29.29	11.97	71.69	60.68	621.47
寒武系灰岩含水层	120.34	72.98	36.45	75.45	186.44	340.15

　　待判别水样与表 5-2 中各含水层标准水样通过公式(5-20)等效数值化,结合熵权法计算的权重值计算综合评判隶属度值 M,按照最大隶属度原则即可识别该水样的含水层来源,计算公式为式(5-21)。以训练水样 S4 为例,将水化学指标与含水层标准水样进行等效数值化,结合权重计算结果如表 5-3 所示。可以看到,S4水样与第四系含水层的综合评判值为 0.755 1,远大于其他含水层,根据最大隶属度原则,S4 水样可能来源于第四系含水层的补给或渗漏。

$$M_j = \sum_{i=1}^{m} w_i f'_{ij} \tag{5-21}$$

表 5-3　S4 水样等效数值法识别结果

指标	权重	等效数值化			
		Ⅰ	Ⅱ	Ⅲ	Ⅳ
$K^+ + Na^+$	0.239 7	0.813 9	0.107 5	0.153 9	0.373 5
Ca^{2+}	0.270 3	0.708 3	0.524 9	0.543 0	0.623 0

表 5-3（续）

指标	权重	等效数值化			
		Ⅰ	Ⅱ	Ⅲ	Ⅳ
Mg^{2+}	0.136 3	0.869 2	0.632 3	0.674 4	0.635 1
Cl^-	0.056 1	0.654 7	0.870 0	0.906 8	0.947 3
SO_4^{2-}	0.208 7	0.665 0	0.800 8	0.583 2	0.890 3
HCO_3^-	0.088 9	0.839 1	0.532 8	0.613 2	0.903 0
综合评判值		0.755 1	0.517 1	0.502 7	0.663 7

（4）Piper-熵权-等效数值水源识别模型的实际应用

根据构建的 Piper-熵权-等效数值模型，对随机选取的 10 个待识别水样进行判别来源。Piper-熵权-等效数值模型和 Bayes 判别模型预测待识别水样判别分类结果如表 5-4 所示。

由表 5-4 可以看出，10 个待识别水样，Piper-熵权-等效数值模型正确识别出 9 个水样，误判 1 个水样，除了将 S25 石炭系灰岩地下水水样误判成寒武系灰岩地下水水样，其他预测结果与实际相符，正确率达到 90%。石炭系灰岩地下水与寒武系灰岩地下水可能通过裂隙、断层和钻孔等发生渗流，建立起各含水层间的水力联系，导致含水层之间水化学类型发生改变，部分水样会偏离含水层的主要水质类别，造成对水样的误判和错判。用传统 Bayes 理论建立的水源识别模型对未知水样判别的正确率仅为 80%，对灰岩地下水水样的判别精度不够理想，而通过结果分析发现 Piper-熵权-等效数值模型能够较好地完成水样的识别工作。

表 5-4 十三矿待识别水样判别分类结果

编号	综合判别值				实际结果	等效数值判别结果	Bayes 判别结果
	Ⅰ	Ⅱ	Ⅲ	Ⅳ			
S5	0.668 0	0.503 2	0.512 0	0.556 0	Ⅰ	Ⅰ	Ⅰ
S6	0.555 1	0.380 7	0.509 2	0.445 1	Ⅰ	Ⅰ	Ⅰ
S11	0.440 7	0.687 5	0.562 2	0.452 0	Ⅱ	Ⅱ	Ⅱ
S12	0.410 1	0.662 5	0.540 5	0.446 0	Ⅱ	Ⅱ	Ⅱ
S22	0.604 6	0.698 3	0.845 2	0.568 8	Ⅲ	Ⅲ	Ⅲ
S25	0.722 5	0.459 2	0.520 4	0.572 6	Ⅲ	Ⅳ	Ⅳ
S26	0.589 9	0.608 6	0.715 7	0.582 5	Ⅲ	Ⅲ	Ⅲ

表 5-4(续)

编号	综合判别值				实际结果	等效数值判别结果	Bayes 判别结果
	I	II	III	IV			
S33	0.660 7	0.552 4	0.591 5	0.861 3	IV	IV	IV
S39	0.685 3	0.538 1	0.553 4	0.924 7	IV	IV	IV
S44	0.691 5	0.540 1	0.577 5	0.851 4	IV	IV	III

2. Piper-PCA-Bayes-LOOCV

在 Bayes 判别模型的基础上建立识别突水水源的 Piper-PCA-Bayes-LOOCV 判别模型,在焦作煤矿区对模型进行了验证。Piper 图法可根据水样在 Piper 三线图中的集中分布区域选取典型水样,PCA 法能对彼此重叠的水化学指标进行降维处理,Bayes 模型能根据现有水样进行预测分类,LOOCV 法通过模型验证集分类准确率平均数的对比选出分类性能较好的模型。利用 Piper 三线图方法剔除了异常水样,选用剩余水样作为训练样本,并用 PCA 法进行主要水化学指标数据的提取,最后通过 LOOCV 法选出分类性能较好的模型,建立 Piper-PCA-Bayes-LOOCV 矿井突水水源判别模型。从地下水水化学成分角度探究典型水样的筛选,再结合多元统计模型进行突水水源识别,从而考量水化学特征对突水水源的影响。

(1)水源类型及判别指标的确定

根据矿区的水文地质特征和以往的钻孔抽水试验资料、突水水源含水层和煤系地层分析,把焦作煤矿区突水水源分为三类:第四系砂砾孔隙含水层(I)、石炭系和奥陶系灰岩含水层(II)、二叠系砂岩含水层(III)。各含水层中水化学组分较多,考虑用每一种水化学组分作为水源判别的指标不太现实。综合考虑各组分对于不同水源的差异性和数据的有效性,参考相关文献,选取 Ca^{2+}、Mg^{2+}、$Na^+ + K^+$、HCO_3^-、SO_4^{2-}、Cl^-、F^- 共 7 种组分的含量作为突水水源的判别指标。

(2)典型水样的选取

从焦作煤矿区的主要突水含水层采集 52 个水样。其中 41 个水样经过 Piper 三线图法剔除 9 个异常样本后,选取 32 个作为训练样本。训练样本中第四系水样有 8 个,石炭系和奥陶系水样有 18 个,二叠系水样有 6 个。

(3)数据的 PCA 处理

通过分析,各种水化学离子彼此之间会有相关性,如表 5-5 中的 Mg^{2+} 和 SO_4^{2-} 相关系数为 0.843,具有明显的相关性,一定会对矿井突水水源预测模型的精度产生影响。因此,根据主要成分分析的原理,有必要对焦作矿区 3 类突水水源的 7 种水质判别指标 Ca^{2+}、Mg^{2+}、$Na^+ + K^+$、HCO_3^-、Cl^-、SO_4^{2-}、F^- 进行 PCA 处理。

表 5-5　各水化学成分指标 Pearson 相关系数矩阵

指标	$K^+ + Na^+$	Mg^{2+}	Ca^{2+}	HCO_3^-	Cl^-	SO_4^{2-}	F^-
$K^+ + Na^+$	1.000						
Mg^{2+}	0.150	1.000					
Ca^{2+}	−0.305	0.655	1.000				
HCO_3^-	0.832	0.121	−0.116	1.000			
Cl^-	0.525	0.841	0.414	0.406	1.000		
SO_4^{2-}	0.356	0.843	0.587	0.259	0.776	1.000	
F^-	0.358	0.625	0.391	0.384	0.565	0.602	1.000

　　首先对各突水水源指标进行主成分分析,提取出 4 个有效的主成分,见表 5-6,可以看出第 1、第 2 个主成分特征根大于 1,方差累计贡献率为 82.30%。根据变量信息贡献率一般为 85% 以上的原则,综合考虑判别指标的联系,选取前 4 个主成分,其累计方差贡献率达 95.19%,可以概括原始变量的基本信息,表征该区的水化学特征信息。

表 5-6　各主成分解释方差率

主成分	特征根	贡献率/%	累计贡献率/%
Y_1	3.832	54.741	54.741
Y_2	1.929	27.554	82.295
Y_3	0.516	7.378	89.672
Y_4	0.386	5.512	95.185
Y_5	0.211	3.009	98.193
Y_6	0.098	1.393	99.587
Y_7	0.029	0.413	100.000

　　根据 PCA 分析,提取出新的判别指标 Y_1、Y_2、Y_3、Y_4 与原始指标之间的关系表达式(公式中用 Na^+ 代替 $Na^+ + K^+$):

$$\begin{cases} Y_1 = 0.144Na^+ - 0.179Ca^{2+} + 0.430Mg^{2+} + 0.528Cl^- + \\ \quad 0.365SO_4^{2-} - 0.336HCO_3^- - 0.263F^- \\ Y_2 = 0.369Na^+ + 0.211Ca^{2+} - 0.210Mg^{2+} - 0.005Cl^- - \\ \quad 0.006SO_4^{2-} + 0.774HCO_3 - 0.143F^- \\ Y_3 = -0.298Na^+ + 1.110Ca^{2+} - 0.157Mg^{2+} - 0.263Cl^- + \\ \quad 0.018SO_4^{2-} + 0.606HCO_3^- - 0.180F^- \\ Y_4 = -0.107Na^+ - 0.190Ca^{2+} + 0.016Mg^{2+} - 0.286Cl^- - \\ \quad 0.147SO_4^{2-} - 0.123HCO_3^- + 1.285F^- \end{cases}$$

（4）Piper-PCA-Bayes-LOOCV 模型的建立

以选取的 32 个样本作为训练数据，利用主成分分析得到 4 个判别指标。将这 3 个类型的第四系砂砾孔隙含水层（Ⅰ）、石炭系和奥陶系灰岩含水层（Ⅱ）、二叠系砂岩含水层（Ⅲ）作为 Bayes 判别分析的 3 个正态总体，经过计算后得到 Bayes 判别函数的系数矩阵见表 5-7。

表 5-7　Bayes 判别函数系数矩阵

指标	Z_1	Z_2	Z_3
Y_1	0.115	0.173	−0.281
Y_2	0.036	0.048	−0.010
Y_3	0.107	0.157	−0.155
Y_4	0.206	0.374	−0.478
常数	−8.475	−8.134	−18.389

由表 5-7 可知 Bayes 判别函数的表达式为：

$$\begin{cases} Z_1 = 0.115Y_1 + 0.036Y_2 + 0.107Y_3 + 0.206Y_4 - 8.475 \\ Z_2 = 0.173Y_1 - 0.048Y_2 + 0.157Y_3 + 0.375Y_4 - 8.134 \\ Z_3 = -0.281Y_1 - 0.010Y_2 - 0.155Y_3 - 0.478Y_4 - 18.389 \end{cases} \quad (5\text{-}22)$$

式中，Z_1，Z_2，Z_3 分别代表第四系水、灰岩水、二叠系水的正态总体函数。

最后，根据 Bayes 后验概率最大的判别原则，将经过 PCA 处理的待判水样分别代入 Bayes 判别函数中，取函数值最大的判别函数，为该待判水样的预测水源类型。

（5）模型的应用

利用学习好的模型对焦作煤矿区的 11 个随机选取的待判样本进行判别，并与传统的模型进行对比，预判结果见表 5-8。

表 5-8   预测样本的判别分类结果

编号	判别指标			实际类别	预测类别	传统类别
	Z_1	Z_2	Z_3			
D1	4.986 2	5.514 8	−7.764 2	Ⅰ	Ⅱ	Ⅰ
D2	0.383 3	−0.336 6	−10.884 5	Ⅰ	Ⅰ	Ⅰ
D3	4.899 3	3.767 7	−9.900 3	Ⅰ	Ⅰ	Ⅰ
D4	3.510 6	3.890 7	−9.380 7	Ⅱ	Ⅱ	Ⅱ
D5	4.868 0	5.466 7	−8.434 4	Ⅱ	Ⅱ	Ⅰ
D6	4.595 6	5.112 3	−6.543 8	Ⅱ	Ⅱ	Ⅰ
D7	4.090 2	5.128 1	−9.741 0	Ⅱ	Ⅱ	Ⅱ
D8	0.566 2	−2.064 7	2.867 7	Ⅲ	Ⅲ	Ⅲ
D9	0.834 5	−3.285 3	6.567 2	Ⅲ	Ⅲ	Ⅲ
D10	−2.313 5	−6.293 0	6.696 0	Ⅲ	Ⅲ	Ⅲ
D11	3.770 3	−2.171 5	26.900 7	Ⅲ	Ⅲ	Ⅲ

由表 5-8 可以看出,判别正确的水样有 10 个,错误 1 个,准确率达到 91%。水样 D1 实际为第四系水,但是该模型误判成了灰岩水。原因可能是从水化学成分来看,第四系水水质类型主要呈 Ca-Na-Mg-HCO₃、Na-Mg-Ca-HCO₃ 等过渡类型;灰岩水水质类型主要呈 Ca-Mg-HCO₃ 型,少量呈 Ca-Na-Mg-HCO₃ 型,两者水化学类型相似,影响了判别结果。从地质因素分析来看,深部灰岩含水层地下水通过断裂构造和第四系底部砂砾石含水层松散孔隙水和风化裂隙水发生水力联系,导致水源误判。

在预判结果中,训练好的模型预判正确率达 91%,误判了 1 个。然而,传统的模型对水样进行预测,预判准确率为 82%,误判了 2 个,其中对第四系水和二叠系砂岩水的识别正确率达到 100%,对灰岩水水样识别很不理想。通过从交叉验证、预判准确率综合比较认为 Piper-PCA-Bayes-LOOCV 的矿井突水水源识别模型能够有效提升 Bayes 模型对突水水源的判别精度,具有更为优越的预测性能。

3. Piper-PCA-Fisher 模型

综合主成分分析、Piper 三线图、Fisher 理论建立了 Piper-PCA-Fisher 水源识别模型。首先选用 Piper 三线图对采自矿区突水含水层的 41 个水样进行筛选,得到 32 个典型水样作为训练样本,采用主成分分析法提炼出 3 个主成分作为判别指标,建立了水源判别模型;采用留一交叉验证法对模型的预判分类稳定性进行评价,模型对样本总体分类的准确率达到 81.3%。并对焦作煤矿区 11

个未知水样进行水源判别,错误 1 个。并将预测结果与 Fisher 模型进行对比。结果表明,基于 Piper-PCA-Fisher 的判别模型能有效提高判别精度,为矿井安全生产提供保障,为矿井开展防治水工作及地下水资源合理开发利用提供理论依据。

（1）典型水样的选取

奥灰水样 Piper 三线图（见图 5-4）表明 2 号水样明显偏离组中心,由此判定水样 2 为异常水样。排除水样 2、7,以其余 6 组水样作为奥灰含水层的典型水样。可以看出,剩余 6 组水样 Ca^{2+}、Mg^{2+}、Na^+ 等阳离子含量相对而言较为稳定,阴离子除 HCO_3^- 含量变化幅度相对较大外,Cl^- 和 SO_4^{2-} 的变化幅度均较小。该组含水层水样类型主要为 $Ca-Mg-HCO_3$、$Ca-Mg-HCO_3-SO_4$、$Na-SO_4$ 三种类型,这是由于奥陶系灰岩含水层径流排泄条件良好,以方解石、白云石为主的碳酸盐型矿石受溶滤作用影响,形成阳离子以 Ca^{2+}、Mg^{2+} 为主,阴离子以 HCO_3^- 为主的水化学类型。同时受本区煤系地层底部黄铁矿（Fe_2S）的影响,氧化作用使水的 pH 值降低,随之产生的 SO_4^{2-} 离子进入奥陶系灰岩含水层,使 SO_4^{2-} 离子的含量增加。

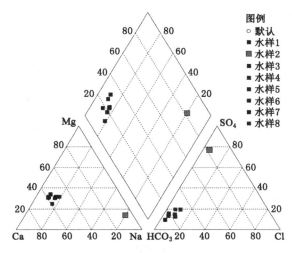

图 5-4　奥灰含水层

太灰水样 Piper 三线图（见图 5-5）表明,该组石炭系太灰含水层以 $Ca-Mg-HCO_3$ 为主要水化学类型,属于典型的碳酸盐岩溶水。另外,可以发现水样 9、10、14 离组中心距离都很远,明显位于太灰含水层组外,因此将水样 9、10、14 排除,以剩余 7 组作为太灰含水层的典型水样。

第四系含水层水样 Piper 三线图（见图 5-6）水样 28 离组中心距离非常远,

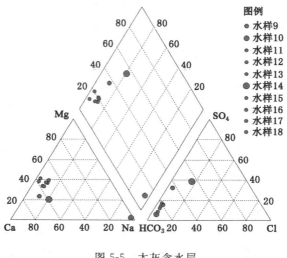

图 5-5　太灰含水层

水样 29、38 则正好压在分界线上,因此,排除水样 28、29、38,剩余 8 个水样作为第四系含水层的典型水样。

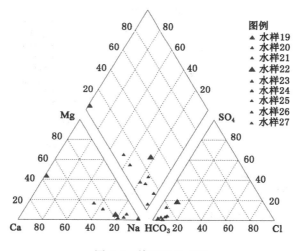

图 5-6　第四系含水层

砂岩含水层水样 Piper 三线图(见图 5-7)分析表明,该组含水层水样主要水化学类型为 Na-Ca-HCO₃、Na-HCO₃、Ca-Mg-HCO₃、Na-HCO₃-SO₄,这主要是因为该组为二叠系砂岩含水层,黏土含量较高、地下水流速缓慢,有利于 Na⁺ 充分交换和聚积,使得该层地下水形成以 Na-HCO₃ 为主的水化学类型。同时观察可以看出该含水层中 Na^+、K^+、Ca^{2+} 离子和 HCO_3^- 离子的分布很均匀,其中 Na^+、K^+ 离子明显高于其他各组含水层,Mg^{2+} 离子、Cl^- 离子和 SO_4^{2-} 离子的分布较为集中。

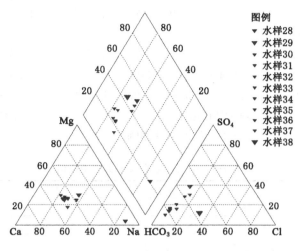

图 5-7　砂岩含水层

（2）数据的 PCA 处理

通过对样本数据进行主成分分析可知,水源组分之间具有明确的相关性,其中 Mg^{2+}（X_2）、Ca^{2+}（X_3）之间的相关系数为 0.901,数据之间明显存在信息重叠,因此有必要对样本数据进行 PCA 处理,以保证将要建立的突水水源判别模型的准确性,前 5 个因子涵盖了原始数据的绝大部分信息量,约占 98.92%,因此有足够的理由认为提取前 5 个主成分可以有效地代表原始样本数据信息。

根据 PCA 矩阵,得出提取的 5 个主成分因子 Y_1、Y_2、Y_3、Y_4、Y_5 与原始变量 X_1、X_2、X_3、X_4、X_5、X_6 之间的关系表达式为:

$$\begin{cases} Y_1 = -0.935X_1 + 0.898X_2 + 0.847X_3 - 0.701X_4 - 0.201X_5 + 0.753X_6 \\ Y_2 = 0.220X_1 + 0.222X_2 + 0.307X_3 + 0.501X_4 + 0.920X_5 + 0.375X_6 \\ Y_3 = -0.048X_1 + 0.313X_2 + 0.359X_3 + 0.463X_4 - 0.244X_5 - 0.472X_6 \\ Y_4 = 0.177X_1 - 0.038X_2 - 0.011X_3 + 0.143X_4 - 0.231X_5 + 0.258X_6 \\ Y_5 = 0.154X_1 - 0.132X_2 - 0.236X_3 + 0.111X_4 - 0.013X_5 + 0.026X_6 \end{cases}$$

（3）Fisher 判别分析

将上述通过 PCA 法得到的主成分 Y_1、Y_2、Y_3、Y_4、Y_5 的数据作为 Fisher 判别分析模型的输入变量,进行 Fisher 判别分析计算,求得如下的 Fisher 判别函数:

第 1 判别函数：

$$F_1 = -0.027Y_1 + 0.065Y_2 - 0.006Y_3 - 0.137Y_4 + 0.348Y_5 - 5.832$$

第 2 判别函数：

$$F_2 = -0.013Y_1 + 0.049Y_2 - 0.013Y_3 - 0.006Y_4 + 0.150Y_5 - 4.153$$

第 3 判别函数：

$$F_3 = -0.020Y_1 + 0.055Y_2 - 0.007Y_3 - 0.270Y_4 + 0.079Y_5 - 3.163$$

表 5-9 为第 1、2、3 判别函数在各水源分布的中心值。以第 1 个判别式为例，Ⅰ类水源的中心值为 -3.126；Ⅱ类水源的中心值为 -4.828；Ⅲ类水源的中心值为 7.812；Ⅳ类水源的中心值为 -0.266。可以通过比较待判水样的函数值与各类水源分布中心值的距离进行水源识别。

表 5-9　判别函数在各分类的中心值

分类	Ⅰ	Ⅱ	Ⅲ	Ⅳ
第 1 判别函数	-3.126	-4.828	7.812	-0.266
第 2 判别函数	-0.130	-1.178	-0.704	1.744
第 3 判别函数	-0.362	0.198	0.002	0.097

（4）突水水源判别模型的检验

将焦作矿区的 13 个待判水样代入训练好的 Piper-PCA-Fisher 水源识别模型中进行判别，结果见表 5-10。预判结果表明除了 11 号待测第四系水被误判成了奥灰水，其余水样预测结果与实际分类相符，预判成功率为 92.3%。而传统的 Fisher 水源识别模型对水样的预测误判了 2 个，预判成功率为 84.6%。综合比较，可以认为 Piper-PCA-Fisher 水源识别模型更准确，具有更为广泛的应用性。

表 5-10　突水水源判别模型分类结果

编号	Y_1	Y_2	Y_3	Y_4	Y_5	函数值	PCA-Fisher 法	Fisher 法
待测 1	-142.07	206.29	149.16	56.63	-17.06	-3.17	Ⅰ	Ⅰ
待测 2	-90.40	191.53	116.11	50.59	-9.54	-1.89	Ⅰ	Ⅰ
待测 3	-95.34	181.75	133.35	48.50	-17.15	-4.85	Ⅱ	Ⅱ
待测 4	-84.16	198.67	141.95	53.22	-19.93	-5.72	Ⅱ	Ⅱ
待测 5	-97.84	197.80	139.01	51.25	-17.83	-4.39	Ⅱ	Ⅱ
待测 6	-104.09	164.55	135.61	42.21	-18.16	-5.24	Ⅱ	Ⅱ
待测 7	-119.44	189.13	148.34	49.75	-17.23	-4.01	Ⅱ	Ⅰ
待测 8	-681.79	383.94	278.43	135.57	-28.77	7.27	Ⅲ	Ⅲ
待测 9	-301.40	240.12	142.85	82.84	-0.91	5.38	Ⅲ	Ⅲ
待测 10	-343.16	309.54	152.98	81.43	-5.34	9.61	Ⅲ	Ⅲ

表 5-10(续)

编号	Y_1	Y_2	Y_3	Y_4	Y_5	函数值	PCA-Fisher 法	Fisher 法
待测 11	−134.12	276.15	163.50	80.42	−17.51	−2.35	Ⅰ	Ⅰ
待测 12	63.3	20.6	98.2	354.4	20.24	1.50	Ⅳ	Ⅳ
待测 13	62.2	38.7	84.21	280.49	56.6	0.80	Ⅳ	Ⅳ

5.2.2　非线性识别模型

1. HCA-PCA-EWM

在平顶山煤田收集到有效水样有 42 个,用于该模型的应用和验证。

（1）数据的分析处理

对平顶山煤田 42 个有效水样的水化学组分进行 Q 型系统聚类,由聚类分析图（见图 5-8）可以将 42 个有效水样进行归类。由图可以筛选出第四系水、二叠系水、石炭系水和寒武系水的典型水样,受煤矿开采和混合作用的影响,部分水样不能作为其含水层的典型水样,根据远近程度,剔除 5、30、31、33、36、40 号异样水样。

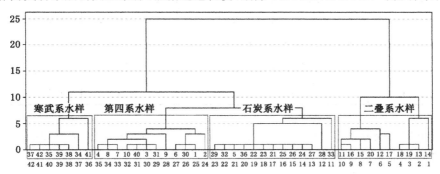

图 5-8　Q 型系统聚类分析图

将含水层的典型水样随机分为标准水样和待判水样,利用 SPSS 对标准水样进行主成分分析,得到标准水样数据的特征值和累计方差贡献率（见表 5-11）和成分得分系数矩阵（见表 5-12）。

表 5-11　特征值和累计方差贡献率

编号	初始特征值			提取后特征值		
	总计	方差/%	累积/%	总计	方差/%	累积/%
1	2.892	48.195	48.195	2.892	48.195	48.195
2	2.090	34.830	83.025	2.090	34.830	83.025
3	0.474	7.907	90.932	0.474	7.907	90.932

表 5-11(续)

编号	初始特征值			提取后特征值		
	总计	方差/%	累积/%	总计	方差/%	累积/%
4	0.406	6.770	97.702	0.406	6.770	97.702
5	0.108	1.794	99.495			
6	0.030	0.505	100.000			

由表 5-11 可得各主成分的特征值和方差贡献率,为了保证综合变量能包括原始变量的绝大多数信息,本书提取 4 个主成分(97.702%)。

表 5-12　成分得分系数矩阵

离子	主成分			
	1	2	3	4
$Na^+ + K^+$	−0.379	0.129	0.015	0.200
Ca^{2+}	0.959	−0.155	0.130	0.453
Mg^{2+}	−0.236	0.916	−0.461	0.104
Cl^-	0.065	−0.391	0.979	−0.244
SO_4^{2-}	0.030	0.382	0.233	0.069
HCO_3^-	0.424	0.146	−0.243	1.125

根据主成分系数矩阵,新的因子 Y_1、Y_2、Y_3、Y_4 与经过标准化处理的原始变量之间关系表达式如下:

$$\begin{cases} Y_1 = -0.379X_1 + 0.959X_2 - 0.236X_3 + 0.065X_4 + 0.030X_5 + 0.424X_6 \\ Y_2 = 0.129X_1 - 0.155X_2 + 0.916X_3 - 0.391X_4 + 0.382X_5 + 0.146X_6 \\ Y_3 = 0.015X_1 + 0.130X_2 - 0.461X_3 + 0.979X_4 + 0.233X_5 - 0.243X_6 \\ Y_4 = 0.200X_1 + 0.453X_2 + 0.104X_3 - 0.244X_4 + 0.069X_5 + 1.125X_6 \end{cases}$$

$$(5-23)$$

式中,X_1,X_2,X_3,X_4,X_5,X_6 代表水化学数据中的六大离子。

根据上式可以计算出标准水样的主成分得分,在此需要注意,由于熵权-隶属度判别模型计算中有对数的出现,因此主成分分析结果中不应有负值出现,本书采取平移消负的方法,将 Y_3 加 160 得到新的主成分得分系数矩阵(见表 5-13),根据熵权-隶属度的数学原理,样本方差不改变,在解决问题的同时,并不影响其判别精度。

表 5-13　主成分得分系数矩阵

水样类型	编号	Y_1	Y_2	Y_3	Y_4
第四系水	1	264.76	285.04	43.77	508.16
第四系水	3	249.32	178.45	31.50	429.43
第四系水	4	309.96	127.49	31.59	457.35
第四系水	6	345.86	382.17	51.97	547.87
第四系水	7	244.87	245.60	5.66	445.19
第四系水	8	264.82	151.09	−12.43	452.41
第四系水	10	305.48	204.73	37.80	456.62
二叠系水	11	141.62	89.39	−56.25	722.05
二叠系水	12	107.21	124.17	−22.70	565.66
二叠系水	13	231.32	182.29	−152.07	921.05
二叠系水	14	158.87	285.85	−65.21	841.05
二叠系水	17	62.95	90.76	−35.87	491.31
二叠系水	18	205.27	127.56	−155.60	963.34
二叠系水	19	199.23	148.09	−143.79	952.41
二叠系水	20	109.16	86.15	−53.26	623.27
石炭系水	21	186.10	86.95	−32.58	342.66
石炭系水	23	184.16	80.43	−28.23	326.37
石炭系水	24	192.44	86.44	−50.30	371.94
石炭系水	26	208.02	46.35	−23.43	342.17
石炭系水	27	183.63	59.22	−25.72	297.49
石炭系水	28	106.50	33.79	−5.09	129.27
石炭系水	29	224.58	104.09	−17.42	374.61
石炭系水	32	221.93	92.93	−15.87	363.23
寒武系水	35	138.83	373.68	10.58	559.09
寒武系水	37	143.57	391.17	17.80	561.99
寒武系水	38	123.00	339.94	50.61	491.27
寒武系水	41	37.75	171.64	62.64	269.26
寒武系水	42	146.74	398.12	17.76	563.45

（2）权重的确定

计算出 4 个主成分的熵值和权重值，如表 5-14 所示。

表 5-14　主成分因子权重值

指标	Y_1	Y_2	Y_3	Y_4
熵值	-0.961	-0.906	-0.959	-0.966
权重	0.252	0.245	0.251	0.252

由分析结果可知,经过主成分分析后 4 项指标所占权重分别为 0.252、0.245、0.251、0.252,近似相等,这也证明了主成分分析过程的必要性。

（3）待判水样识别

计算各个含水层 4 个主成分指标的平均值即 x 坐标轴上的 m 值,再计算出标准差 s,本书取 $a=x-0.5s$,$b=x+0.5s$,$c=x-1.2s$,$d=x+1.2s$。

将待测样本代入模型进行识别,将待判水样的 4 个主成分得分与各含水层坐标轴上的 a、b、m、c、d 对比,求得差异度数值。进而计算得出综合相对隶属度,最后将综合隶属度归一化,如表 5-15 所示。

表 5-15　待测样本综合隶属度

编号	I	II	III	IV
2	0.779	0.026	0.000	0.195
9	0.673	0.016	0.299	0.012
15	0.192	0.599	0.209	0.000
16	0	0.893	0.039	0.068
22	0	0.204	0.796	0
25	0	0.254	0.746	0
34	0.185	0.336	0.112	0.368
39	0.019	0.256	0	0.726

注:I,II,III,IV代表 4 个不同的含水层,即第四系孔隙水、二叠系砂岩水、石炭系灰岩水、寒武系灰岩水。

由综合隶属度的判别结果得出的涌水水源判别结果如表 5-16 所示。

表 5-16　待测样本的判别结果

编号	Y_1	Y_2	Y_3	Y_4	实际类型	EWM	HCA-PCA-EWM
2	298.580	224.690	235.077	564.111	第四系水	第四系水	第四系水
9	255.292	214.558	217.813	356.421	第四系水	石炭系水＊＊	第四系水
15	180.202	202.135	76.337	686.036	二叠系水	二叠系水	二叠系水
16	153.545	117.876	55.934	741.896	二叠系水	二叠系水	二叠系水

表 5-16(续)

编号	Y_1	Y_2	Y_3	Y_4	实际类型	EWM	HCA-PCA-EWM
22	172.709	71.221	129.910	315.775	石炭系水	石炭系水	石炭系水
25	188.768	60.351	111.439	342.776	石炭系水	石炭系水	石炭系水
34	160.486	417.358	223.876	449.628	寒武系水	寒武系水	寒武系水
39	132.518	352.033	163.381	555.453	寒武系水	寒武系水	寒武系水

注：**表示水样误判。

本书一共对 8 个样本进行预测，熵权-隶属度(EWM)判别模型将 9 号第四系地下水误判为石炭系灰岩水，判定结果正确率为 87.5%，基于系统聚类分析和主成分分析的熵权-隶属度(HCA-PCA-EWM)判别模型全部判别正确，正确率为 100%。

参 考 文 献

陈陆望,桂和荣,殷晓曦,等,2010.临涣矿区突水水源标型微量元素及其判别模型[J].水文地质工程地质,37(3):17-22.

代俊鸽,郭纯青,裴建国,等,2015.基于 SPSS 岩溶地下水水化学特征的多元统计分析:以红水河刁江流域为例[J].工业安全与环保,41(4):81-83.

傅耀军,2019.华北型煤田矿井岩溶水涌(突)出机理与涌(突)水量预测方法探讨[J].中国煤炭地质,31(4):42-50.

关磊声,2019.大同口泉沟-云冈沟矿区煤矿采空区水水质评价[D].淮南:安徽理工大学.

韩永,刘云芳,刘德民,等,2014.华北型煤田奥灰水水化学和同位素特征研究:以兖州煤田为例[J].华北科技学院学报,11(2):28-34.

胡博远,2019.大孤山铁矿西北边帮巷道涌水水源判别及水岩作用研究[D].北京:中国地质大学(北京).

胡伟伟,马致远,曹海东,等,2010.同位素与水文地球化学方法在矿井突水水源判别中的应用[J].地球科学与环境学报,32(3):268-271.

黄平华,陈建生,2011.基于多元统计分析的矿井突水水源 Fisher 识别及混合模型[J].煤炭学报,36(增刊1):131-136.

冀瑞君,彭苏萍,范立民,等,2015.神府矿区采煤对地下水循环的影响:以窟野河中下游流域为例[J].煤炭学报,40(4):938-943.

靳德武,2002.我国煤层底板突水问题的研究现状及展望[J].煤炭科学技术,30

(6):1-4.

景继东,施龙青,李子林,等,2006.华丰煤矿顶板突水机理研究[J].中国矿业大学学报,35(5):642-647.

李琳,2018.矿井突水水源快速判识智能算法研究[D].徐州:中国矿业大学.

刘基,杨建,王强民,2017.神府榆矿区采煤排水对地下水资源量的影响[J].煤矿开采,22(5):106-109.

彭捷,李成,向茂西,等,2018.榆神府区采动对潜水含水层的影响及其环境效应[J].煤炭科学技术,46(2):156-162.

汪家权,刘万茹,钱家忠,等,2002.基于单因子污染指数地下水质量评价灰色模型[J].合肥工业大学学报(自然科学版),25(5):697-702.

王沙沙,许安琪,宋宝来,等,2021.基于模糊综合评判法的关闭矿井地下水水质分类[J].中国矿业,30(2):167-171.

王双明,2020.对我国煤炭主体能源地位与绿色开采的思考[J].中国煤炭,46(2):11-16.

王双明,段中会,马丽,等,2019.西部煤炭绿色开发地质保障技术研究现状与发展趋势[J].煤炭科学技术,47(2):1-6.

王心义,赵伟,刘小满,等,2017.基于熵权-模糊可变集理论的煤矿井突水水源识别[J].煤炭学报,42(9):2433-2439.

武强,2013.煤矿防治水手册[M].北京:煤炭工业出版社.

武强,金玉洁,1995.华北型煤田矿井防治水决策系统[M].北京:煤炭工业出版社.

武强,金玉洁,李德安,1992.华北型煤田矿床水文地质类型划分及其在突水灾害中的意义[J].中国地质灾害与防治学报,3(2):96-98.

夏玉成,雷通文,白红梅,2006.煤层覆岩与地下水在采动损害中的互馈效应探讨[J].煤田地质与勘探,34(1):41-45.

杨勇,2018.矿井突水水源类型在线判别理论与方法研究[D].徐州:中国矿业大学.

朱乐章,2018.利用水化学特征识别朱庄煤矿突水水源[J].中国煤炭,44(5):100-104.

AL-CHARIDEH A, 2012. Geochemical and isotopic characterization of groundwater from shallow and deep limestone aquifers system of Aleppo Basin (north Syria)[J]. Environmental earth sciences,65(4):1157-1168.

QIAN J Z, TONG Y, MA L, et al., 2018. Hydrochemical characteristics and groundwater source identification of a multiple aquifer system in a coal mine

[J]. Mine water and the environment,37(3):528-540.

WANG X Y,YANG G,WANG Q,et al.,2018. Investigation of occurrence characteristics and influencing factors of radon in Cambrian limestone geothermal water[J]. Journal of radio analytical and nuclear chemistry,317 (2):1191-1200.

WANG X Y,YANG G,WANG Q,et al.,2019. Research on water-filled source identification technology of coal seam floor based on multiple index factors [J]. Geofluids,2019:5485731.

XU P P,LI M N,QIAN H,et al.,2019. Hydrochemistry and geothermometry of geothermal water in the central Guanzhong Basin,China:a case study in Xi'an[J]. Environmental Earth Sciences,78(3):87.

ZHANG X D,QIAN H,CHEN J,et al.,2014. Assessment of groundwater chemistry and status in a heavily used semi-arid region with multivariate statistical analysis[J]. Water,6(8):2212-2232.

第6章 基于环境稳定同位素的矿井水源识别技术

6.1 环境同位素基本原理

6.1.1 环境同位素概念

环境同位素是指质子数相同而中子数不同的一类原子。环境同位素在元素周期表中占据一个位置，质量不同，基本化学性质相同。

例如：^1H 和 ^2H、^{16}O、^{17}O 和 ^{18}O、^{13}C 和 ^{12}C（见图 6-1）、^{34}S 和 ^{32}S。

6.1.2 环境同位素分类方法

1. 环境同位素分类

环境同位素可分为稳定同位素和不稳定同位素两类，不稳定同位素又称为放射性同位素。

（1）稳定同位素：原子核稳定，本身不会自发进行放射性衰变或核裂变的同位素称为稳定同位素。

（2）放射性同位素：原子核不稳定，能自发进行放射性衰变或核裂变，而转变为其他一类核素的同位素称为放射性同位素。

如图 6-2 所示，同位素的写法为：^1_1H，^2_1H，^3_1H，$^{12}_6C$，$^{13}_6C$。左下角的质子数是固定的，所以常忽略不写，写作：^1H，^2H，^3H，^{12}C，^{13}C。

目前，同位素总数目接近 1 700 种，但只有 264 种是稳定的，许多元素有两种或多种同位素，某些元素只有一个同位素，两个元素（锝和钷）没有天然同位素。大部分放射性同位素并不是自然存在的，因为它们的衰变速率较快，但它们可以在实验室中用核反应的方法人工产生。

环境同位素亦可分成传统同位素和非传统同位素。

（1）传统稳定同位素：一般传统稳定同位素研究限于质量数小于 40 的非金属元素，如氢（H/D）、碳（$^{13}C/^{12}C$）、氧（$^{18}O/^{16}O$ 和 $^{17}O/^{16}O$）、硫（$^{34}S/^{32}S$ 和 $^{33}S/$

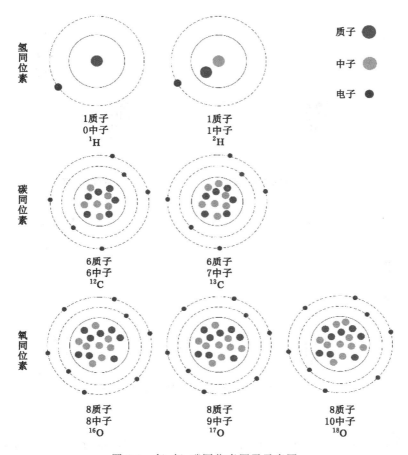

质子 ●

中子 ●

电子 ●

1质子
0中子
^{1}H

1质子
1中子
^{2}H

6质子
6中子
^{12}C

6质子
7中子
^{13}C

8质子
8中子
^{16}O

8质子
9中子
^{17}O

8质子
10中子
^{18}O

图 6-1　氢、氧、碳同位素原子示意图

^{32}S)和氮(^{15}N/^{14}N)等传统意义上的同位素研究。其基本特征有：

① 原子量低($A<40$)；

② 同位素之间的相对质量差较大；

③ 化合物一般具有高度的共价键；

④ 元素有多个化学价，为氧化态和还原态，如 S 和 C；或化合物有多种状态，为气态、液态、固态，如 H 和 O。

⑤ 低丰度的同位素应足够检测，以便保证质谱分析精度。

（2）非传统稳定同位素：最新多接收等离子体同位素质谱技术已经能够对一些过渡族金属元素的同位素分馏进行试验测定和研究，这些金属和卤族元素的稳定同位素（如 Li、Mg、Cl、Ca、Cr、Fe、Cu、Zn、Se 和 Mo 等）构成了非传统稳定同位素研究的新领域。

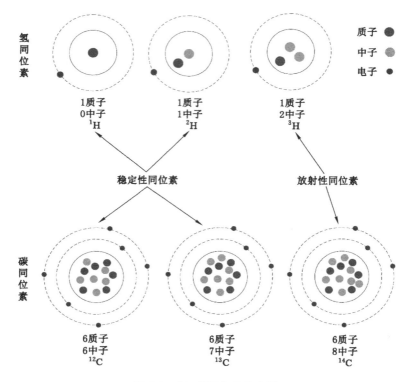

图 6-2　氢、碳同位素示意图

2. 同位素标准

δ值的大小显然与所采用的标准有关。在进行同位素分析时首先要选择合适的标准，不同的样品间的比较也必须采用同一标准才有意义。目前国际通用同位素标准是由国际原子能机构（IAEA）和美国国家标准和技术研究所（NIST）颁布的。

对同位素标准物质的一般要求是：

① 组成均一，性质稳定；

② 数量较多，便于长期使用；

③ 化学制备和同位素测量的手续简便；

④ 处于天然同位素比值变化范围的中值，使用大多数样品的测定。

3. 同位素表示方法

（1）同位素丰度

同位素丰度分为绝对丰度和相对丰度。

① 绝对丰度：指某一同位素在所有各种稳定同位素总量中的相对份额，常

以该同位素与 ^1H(取 $^1\text{H}=10^{12}$)或 $^{28}\text{Si}(^{28}\text{Si}=10^6)$ 的比值表示。

② 相对丰度:指同一元素各同位素的相对含量。

如氧有 3 种稳定同位素,它们在自然界的相对丰度为:

$$^{16}\text{O}=99.762\%,^{17}\text{O}=0.038\%,^{18}\text{O}=0.200\%$$

(2) 同位素比值

同位素比值(R 值):重同位素丰度/轻同位素丰度。如 $^{18}\text{O}/^{16}\text{O}$,D/H,$^{34}\text{S}/^{32}\text{S}$,$^{13}\text{C}/^{12}\text{C}$。

由于在自然界中轻同位素的相对丰度很高,而重同位素的相对丰度很低,R 值就很小,写起来冗长烦琐不便于比较,所以在实际工作中采用样品的 δ 值来表示样品的同位素成分。

(3) δ 值

δ 值:样品的同位素比值相对于标准样品同位素比值的千分偏差。

$$\delta(\%_0)=[(R_{样}-R_{标})/R_{标}]\times 1\,000 \tag{6-1}$$

$$\delta(\%_0)=[(R_{样}/R_{标})-1]\times 1\,000 \tag{6-2}$$

$R_{样}$ 为样品的同位素比值,$R_{标}$ 为标准的同位素比值。$\delta>0$(正值)表明样品相对标准富集重同位素;$\delta<0$(负值)表明样品相对标准亏损重同位素;$\delta=0$ 表明样品与标准同位素比值相同。

例如,氧同位素的 δ 值表示为:

$$\delta^{18}\text{O}=[(^{18}\text{O}/^{16}\text{O})_{样品}-(^{18}\text{O}/^{16}\text{O})_{\text{SOMW}}]\times 10^3/(^{18}\text{O}/^{16}\text{O})_{\text{SOMW}} \tag{6-3}$$

其中,$(^{18}\text{O}/^{16}\text{O})_{\text{SMOW}}$ 为氧同位素标准的一种。

6.1.3　同位素分馏效应

自然界中某种物质元素的同位素组成通常表现为非常小的但是不可忽视的变化,不同物质之间同位素组成上存在差异的现象叫同位素效应。同位素效应是利用同位素进行科学研究的基础。

同位素效应通常用以下 2 个参数来表达:同位素分馏和同位素判别。

1. 同位素分馏

同位素分馏:同位素在不同物质或不同物相间分配比例不同的现象称为同位素分馏。同位素分馏是同位素效应的一种表现。同位素分馏分为两类:同位素平衡分馏、同位素非平衡分馏。

同位素平衡分馏:不同物质或物相间的同位素比值达到恒定不变时,即达到了同位素平衡状态,这种状态的分馏称为同位素平衡分馏。同位素平衡分馏与分馏机制、同位素交换速率、压力等都无关,仅仅与温度有关。同位素平衡分馏又称热力学分馏,是同位素地质温度计的理论依据。

同位素非平衡分馏:指同位素的交换偏离平衡分馏的现象。某些特定的物理、化学、生物化学反应(如蒸发作用,扩散作用,吸附作用,化学反应,生物化学反应等)会发生同位素非平衡分馏。

动力学分馏是同位素非平衡分馏中的一种。其一般特点是:它除了与温度有关外,还与交换时间(即反应速度)和交换机理等有关。例如,同一海水中不同种属生物形成的壳体碳酸钙的同位素组成不同。

同位素分馏的根本原因:不同同位素由于质量上存在差异,在自然界的各种物理、化学和生物的反应和过程中都会发生同位素分馏(量子力学效应)。简言之,轻同位素分子较重同位素分子的零点能高;轻同位素较重同位素形成的键能小;轻同位素较重同位素更易于发生化学反应。

两种物质之间的同位素分馏程度,通常用同位素分馏系数 α 来表示,等于两种物质的同位素比值 R 之商。同位素分馏系数 α 为:

$$\alpha_{A\text{-}B} = R_A / R_B \tag{6-4}$$

式中,A 和 B 代表两种物质或者同一物质的两种相态。

同位素分馏无处不在,但存在 2 个问题,一是分馏程度不一,二是目前仪器是否可以检测出来。重元素的同位素之间的相对质量差远小于轻元素的同位素之间的质量差,这也解释了传统稳定同位素只探讨质量数小于 40 的元素的原因。

2. 同位素判别

由公式:

$$\delta^{18}O_A = (R_A - R_{PDB}) \times 10^3 / R_{PDB} \tag{6-5}$$

$$\delta^{18}O_B = (R_B - R_{PDB}) \times 10^3 / R_{PDB} \tag{6-6}$$

可得出:

$$R_A = (\delta_A / 10^3 + 1) R_{PDB} \tag{6-7}$$

$$R_B = (\delta_B / 10^3 + 1) R_{PDB} \tag{6-8}$$

进而可得出:

$$\alpha_{A\text{-}B} = (\delta_A + 1\,000) / (\delta_B + 1\,000) \tag{6-9}$$

将上式取对数形式可简化为如下近似关系式:

$$1\,000\ln \alpha_{A\text{-}B} \approx \delta_A - \delta_B \tag{6-10}$$

从而定义同位素判别值为 Δ:

$$\Delta_{A\text{-}B} = 1\,000\ln \alpha_{A\text{-}B} = \delta_A - \delta_B \tag{6-11}$$

只要测定出样品的 δ 值,就可以直接计算同位素判别值 Δ。因此,Δ 又称为简化分馏系数。

6.2　矿井水源氢氧稳定同位素识别

国内外运用环境同位素技术研究不同水体的形成、运移和混合等动态过程，从而确定地下水起源，揭示水循环主要机制。

6.2.1　不同水体氢氧稳定同位素特征

1. 河水氢氧同位素特征

将焦作煤矿区常年性河流水标在 δD-$\delta^{18}O$ 关系图上，由于焦作地区距离郑州地区大约 80 km，平原地区常年降雨量和气温变化相似，因此，选用郑州地区大气降水线方程作为当地雨水线：$\delta D = 6.75\delta^{18}O - 2.70$。河水受蒸发作用强烈，其拟合回归线可作为蒸发线。

从图 6-3 可以看出，所采集的夏季和冬季地表水样大部分位于当地大气降水线附近，表明两者之间存在着密切的联系，即地表水接受大气降水补给。地表水的 δD-$\delta^{18}O$ 拟合线斜率明显小于当地大气降水线斜率，表明地表水 $\delta^{18}O$ 同位素呈现不同程度富集，存在蒸发现象。常年性河流水是分夏季和冬季采集的，同位素值相差不大，相对比较集中，夏季常年性河流 δD 变化范围为 $-62.54‰\sim$ $-56.48‰$，$\delta^{18}O$ 变化范围为 $-8.43‰\sim-7.77‰$，平均值分别为 $-59.39‰$、$-8.06‰$；冬季 δD、$\delta^{18}O$ 变化范围分别为 $-67.94‰\sim-55.7‰$、$-8.78‰\sim$ $-8.08‰$，δD 平均值为 $-60.76‰$，$\delta^{18}O$ 平均值为 $-8.43‰$。夏季地表水样同位素值更接近当地大气降水线，可能是由于夏季降水量较大，蒸发强度较小；而冬季地表水同位素值稍微偏离当地大气降水线，表明冬季降水量小，受较弱的蒸发作用影响。

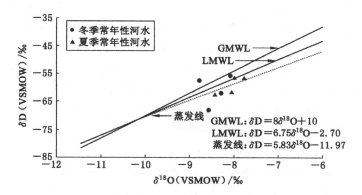

图 6-3　焦作煤矿区河水 δD-$\delta^{18}O$ 关系图

2. 典型土壤水同位素垂向特征

在采样区挖取两个 2 m 深的土坑,沿着土坑剖面每 0.2 m 分层采集土壤,经实验室处理后共获得 20 个土壤水样,两个剖面土壤水 $\delta^{18}O$ 、δD 平均值随土壤深度变化图如图 6-4 所示。

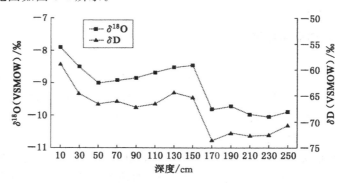

图 6-4 土壤水 $\delta^{18}O$ 、δD 平均值随土壤深度变化图

两个土壤剖面土壤水中 δD、$\delta^{18}O$ 总体上趋势相同,随着深度的不断增加呈现出先减少后增加再降低的趋势。土壤水 $\delta^{18}O$ 的变化范围为 $-10.04\text{‰}\sim-7.74\text{‰}$,$\delta D$ 的变化范围在 $-73.46\text{‰}\sim-58.82\text{‰}$。矿区大气降水的 $\delta^{18}O$ 平均值为 -8.49‰,δD 平均值为 -61.7‰,$20\sim40$ cm 处土壤中氢氧同位素含量值与大气降水中的氢氧同位素含量值相近。从整体上来讲,土壤水 δD、$\delta^{18}O$ 在垂向上随着深度的增加而逐渐偏负,在 $0\sim40$ cm 浅层阶段最为富集,在深层 $160\sim260$ cm 阶段最为贫化,δD 最低值在 1.7 m 处出现,含量为 -73.46‰。$\delta^{18}O$ 最低值在 2.3 m 处出现,含量为 -10.04‰。而在 $40\sim160$ cm 中层阶段土壤水的 $\delta^{18}O$、δD 大小介于两者之间,这主要的因为浅层土壤受蒸发作用强烈,较轻的水分子同位素先蒸发,留下较重的水分子同位素,从而使土壤水 $\delta^{18}O$ 在浅层阶段较高。而随着深度的增加,蒸发作用逐渐减弱,土壤水受到的蒸发程度降低,同位素值逐渐贫化并趋于稳定。由于采样点位置距离河边较近,除大气降水外,土壤水很可能还受到河水的侧向补给以及地下水的向上补给,不同水源不同程度的混合产生了这种氢氧同位素组成特征。

3. 地下水同位素分层特征

根据焦作煤矿区所有地下水样品的测试结果,得到不同含水层地下水氢氧稳定同位素的分布特征,如图 6-5 所示。总体上,随着深度的增加,δD、$\delta^{18}O$ 有逐渐降低的趋势,可见矿区地下水存在一定的分层特征。第四系孔隙水由于埋藏相对较浅,受到的蒸发作用相对强烈,使水中的氢氧同位素值相对偏正且分布广。对于深层裂隙水(二叠系砂岩水、石炭系与奥陶系灰岩水)而言,埋藏较深,受到的动力学分馏作用相对较弱,氢氧稳定同位素值相对偏负。采样点中二叠系砂岩水的深度范围为 $140 \sim 280$ m,深层灰岩水的深度范围为 $310 \sim 650$ m,由图 6-5 可知,二叠系砂岩水与深层灰岩水的氢氧同位素分布相比分散而不集中,存在一定的变化区间,但整体上变化不大,含水层地下水间发生了一定程度的混合。

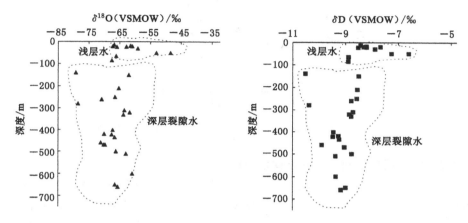

图 6-5　地下水氢氧同位素分布特征

6.2.2　矿区地下水补给高程

利用大气降水同位素高程效应可以确定地下水的补给区和补给高程。从北部太行山区采集到的泉水的 $\delta^{18}O$ 和泉水出露高程之间存在显著的线性关系,如图 6-6 所示,表明泉水存在着明显的氧同位素高程效应。显示的氧同位素高程效应为 $-0.23‰/100$ m,有

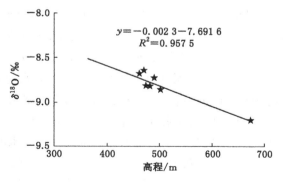

图 6-6　泉水样 $\delta^{18}O$ 与高程的关系

$$\delta^{18}O(\text{‰}) = -0.002\ 3h - 7.691\ 6 \tag{6-12}$$

式中，h 为泉水出露的高程。根据式（6-12）计算出矿区地下水的补给高程主要在 400~800 m，如图 6-7 所示，上述高程区域为北部太行山区裸露型岩溶区。

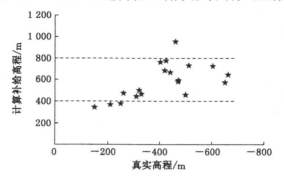

图 6-7　矿区深层地下水的真实高程与 $\delta^{18}O$ 计算高程的关系

6.2.3　氢氧同位素判别含水层间水力联系

降水落到地面后形成河水或入渗形成土壤水，焦作煤矿区河水的拟合线为：$\delta D = 5.83\delta^{18}O - 11.97$，土壤水的拟合线为：$\delta D = 5.96\delta^{18}O - 13.67$，两者水样点大多位于当地大气降水线附近，且斜率与截距均小于当地大气降水线，可见当地河水与土壤水均受到降水补给，但两者蒸发作用强烈，具有富集重同位素的特征。

由图 6-8 可知，焦作矿区地下水水样总体上落在大气降水线附近，可见大气降水是地下水的补给来源之一。第四系含水层中有两个水样落在当地蒸发线右上方，表明这些水样来自降水或河水补给，受到较强的蒸发作用。该层其他水样点均偏离当地蒸发线，处于蒸发线以下位置，这表明第四系孔隙水不仅受到大气降水的补给，还与下层相邻含水层之间发生着水力联系，这可能是由于煤矿开采破坏含水层导致的。二叠系砂岩水中 $\delta^{18}O$ 较为接近，变化范围很小，而 δD 在垂直方向变化特征显著。该含水层中有两个水样的 δD、$\delta^{18}O$ 比当地降水的 δD、$\delta^{18}O$ 平均值明显偏低很多，这说明其可能接受了深层灰岩水的补给。

深层灰岩水的 δD、$\delta^{18}O$ 分布较为集中，其斜率与大气降水线、蒸发线斜率有较大差别，可见深层灰岩水除受降水补给外，还有其他的补给来源。根据焦作煤矿区水文地质条件可知，深层灰岩水接受来自北部山区灰岩水的侧向补给，海拔的差异导致煤矿区不同区域的灰岩水 δD、$\delta^{18}O$ 有所差异。此外，灰岩水分布趋于垂直，可见该层有 ^2H 的灰岩水漂移，这一运动可能是通过 H_2S 交换的结果，封闭的沉积环境能够刺激厌氧菌还原硫酸盐产生高 H_2S。部分石炭系灰岩水

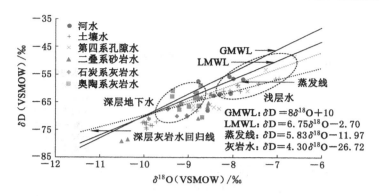

图 6-8　焦作煤矿区各水体 δD-$\delta^{18}O$ 关系图

与奥陶系灰岩水 δD、$\delta^{18}O$ 分布接近,说明石炭系含水层与奥陶系含水层具有密切的水力联系,这可能是因为矿区煤田在长期开采影响下,原地下水循环状态被打破,奥陶系含水层水压高,沿着断层等水力通道向上补给石炭系灰岩水。

从整体上来看,河水与土壤水聚集区较为独立,但煤矿区地下水混合明显,部分灰岩水与第四系孔隙水、二叠系砂岩水分布较为接近,因此,影响矿区地下水氢氧稳定同位素组成特征的因素除了降水的入渗补给外,还有第四系孔隙水、二叠系砂岩水与奥陶系灰岩水之间的混合。

由于水体中 δD、$\delta^{18}O$ 比较容易受时间、高度、补给来源及水-岩相互作用等外界因素的影响,仅仅依据水体中 δD、$\delta^{18}O$ 同位素特征的不同准确地判别其来源是很难做到的。而氘过量更为稳定,时间、高度、补给源等外界条件的改变对其影响不大,因此,氘过量能够有效地指示地下水的环境特征,是研究地下水补给来源的重要指标之一。

氘过量是由水体蒸发作用导致的,水体的动力分馏效应使 δD 和 $\delta^{18}O$ 之间的平衡模式被破坏,从而使 δD 和 $\delta^{18}O$ 间产生了一个差值,即氘过量,它的表达式为 $d = \delta D - 8 \times \delta^{18}O$,全球均值为 10。从图 6-9 可以看出,焦作煤矿区不同水体的氘过量存在较为显著的差异。河水与土壤水的氘过量均处于全球均值以下,分布较为分散。第四系孔隙水与二叠系砂岩水氘过量分布较为集中,$\delta^{18}O$ 分布较为分散,两者的氘过量均比大气降水中的氘过量低,且含水埋藏较浅,受到的蒸发作用较为强烈。在地下水补给源不足、径流缓慢的时候,二次蒸发将使氘过量变小。相较于浅层水,深层灰岩水的氘过量变化大且分布不集中,可见深层灰岩水除了接受大气降水补给外,还与浅层地下水发生了混合。石炭系与奥陶系灰岩水氘过量特征较为接近,可见煤矿开采作用导致两个含水层水力联系紧密。随着含水层深度的增加,水样中 $\delta^{18}O$ 含量值基本在不断减少。其中,奥

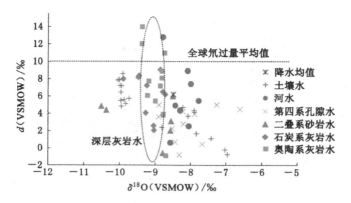

图 6-9　焦作煤矿区地下水 d-δ^{18}O 关系图

陶系灰岩水氘过量最低,可能是由于深部地下水与周围介质中氧同位素的交换相对简单导致的。

6.3　矿井水源硫碳氧同位素识别

6.3.1　煤矿区硫碳氧同位素特征

煤矿区 $\delta^{13}C_{DIC}$、$\delta^{34}S_{SO_4}$ 和 $\delta^{18}O_{SO_4}$ 分布都是比较分散的,最大值分别一 4.1‰、81.8‰ 和 65.5‰,最小值分别为 -11.1‰、3.48‰ 和 1.79‰,均值分别为 -8.74‰、11.32‰ 和 8.73‰,奥灰水的 $\delta^{13}C_{DIC}$、$\delta^{34}S_{SO_4}$ 和 $\delta^{18}O_{SO_4}$ 的分布范围分别在 -10.72‰～-4.1‰、3.82‰～17.88‰ 和 2.05‰～8.9‰,均值分别为 -8.44‰、7.76‰ 和 6.05‰,石灰水的 $\delta^{13}C_{DIC}$、$\delta^{34}S_{SO_4}$ 和 $\delta^{18}O_{SO_4}$ 的分布范围分别在 -7.4‰～-11.1‰、3.48‰～81.8‰ 和 3.52‰～65.5‰,均值分别为 -9.3‰、15.03‰ 和 11.4‰。

可以发现,煤矿区灰岩水的 $\delta^{13}C_{DIC}$、$\delta^{34}S_{SO_4}$ 和 $\delta^{18}O_{SO_4}$ 的均值也处于总体水样均值的上下波动范围内,相差不大。当 S 富集时,其 $\delta^{18}O_{SO_4}$ 也是偏大的,但其 $\delta^{13}C_{DIC}$ 相对而言较低,说明煤矿区地下水的 $\delta^{13}C_{DIC}$、$\delta^{34}S_{SO_4}$ 和 $\delta^{18}O_{SO_4}$ 之间存在一定的相关关系。

6.3.2　硫碳氧同位素判别地下水循环机制

煤矿区地下水 $\delta^{34}S_{SO_4}$ 和 $\delta^{18}O_{SO_4}$ 相关性显著(R^2＝0.97),随着 $\delta^{18}O_{SO_4}$ 增大,$\delta^{34}S_{SO_4}$ 线性增大,说明其与 O_2 和 H_2O 参与硫化物氧化反应有关,O_2 加速了生成硫酸盐的化学反应速率,H_2O 作为反应介质也是不可或缺的,在一定程度上增加了水中硫酸盐含量。主要反应机制如下:

$$FeS_2 + 3.5 O_2 + H_2O \rightarrow Fe^{2+} + 2 H^+ + 2SO_4^{2-} \qquad (6-13)$$

有学者利用硫氧同位素或其比值来研究华北平原地下水中硫酸盐来源。硫酸盐主要来源于大气降水、黄铁矿氧化以及石膏溶解，考虑人为因素的影响，硫酸盐主要来源包括河水入渗和越流污染，从而造成硫酸盐浓度的增加，但并未考虑煤矿开采活动对硫酸盐增高的影响。煤矿开采活动对地下水中 $\delta^{34}S_{SO_4}$ 和 $\delta^{18}O_{SO_4}$ 存在一定程度的影响。

图 6-10(a)显示煤矿区大部分地下水硫酸盐来源于硫化物氧化，其 $\delta^{18}O_{SO_4}$ 处于 1.79‰～9.32‰范围，$\delta^{34}S_{SO_4}$ 处于 3.82‰～17.88‰范围，也有个别水样来源于石膏溶解。图 6-10(b)中，圈住的区域代表未受煤矿开采影响的区域，未圈的区域表明受煤矿开采影响，表明非煤矿开采区地下水 $\delta^{34}S_{SO_4}$ 分布比较集中，约为 7‰，煤矿开采区地下水 $\delta^{34}S_{SO_4}$ 最高达 81.8‰，最低为 3.48‰，$\delta^{34}S_{SO_4}$ 波动范围较大，说明煤矿开采活动对地下水 $\delta^{34}S_{SO_4}$ 具有显著影响。煤矿开采区地下水硫酸盐浓度变化范围比较分散，最大值为 240.65 mg/L，最小值为 31.94 mg/L，随着硫酸盐浓度变化，$\delta^{34}S_{SO_4}$ 波动范围较小，部分未受采矿活动影响的奥陶系灰岩水(O1、O2、OS3)和地表水(SF1)硫酸盐含量较高，其 $\delta^{34}S_{SO_4}$ 处于正常范围，说明该处水样受人类活动影响较强。随着水中的硫酸盐含量降低，剩余 $\delta^{34}S_{SO_4}$ 和 $\delta^{18}O_{SO_4}$ 含量却增加，指示硫酸盐细菌还原参与反应过程。石炭系灰岩水 C5 点处水样比较特殊，结合图 6-10(a)(b)，该处的 SO_4^{2-} 含量是极低的，却发生了 $\delta^{34}S_{SO_4}$ 和 $\delta^{18}O_{SO_4}$ 的富集，说明了该处深部地下水环境发生了硫酸盐细菌的还原过程。

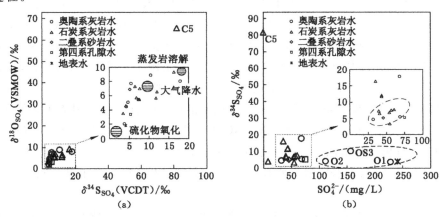

图 6-10　$\delta^{34}S_{SO_4}$ 和 $\delta^{18}O_{SO_4}$、SO_4^{2-} 的关系图

应用 $\delta^{18}O_{SO_4}$ 与 $\delta^{18}O_{H_2O}$ 关系可以进一步研究人为扰动作用下硫化物氧化机

理,图 6-11 显示煤矿区地下水 $\delta^{18}O_{SO_4}$ 与 $\delta^{18}O_{H_2O}$ 关系,反映了研究区水样中硫酸盐主要受硫化物氧化影响,大部分水样硫酸盐中氧含量 $25\%\sim75\%$ 来源于水中氧。$\Delta\delta^{18}O_{SO_4-H_2O}=\delta^{18}O_{SO_4}-\delta^{18}O_{H_2O}$,如果 $\Delta\delta^{18}O_{SO_4-H_2O}$ 差值大于 8%,则说明该环境条件下地下水系统在一定程度上处于开放状态或半开放状态,研究区水样 $\Delta\delta^{18}O_{SO_4-H_2O}$ 均大于 8%,其中 C5 处的 $\delta^{18}O_{SO_4}$ 和 $\delta^{18}O_{H_2O}$ 差值高达72.63$\%$。说明煤矿开采作用扰动了岩层结构,增加了岩层裂隙发育,由还原环境转变为氧化环境。

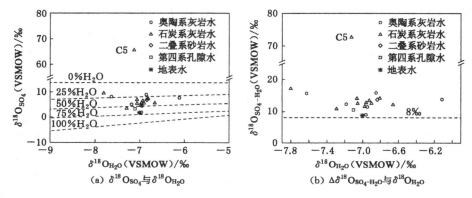

图 6-11 $\delta^{18}O_{SO_4}$ 与 $\delta^{18}O_{H_2O}$ 和 $\Delta\delta^{18}O_{SO_4-H_2O}$ 与 $\delta^{18}O_{H_2O}$ 关系图

碳酸盐矿物溶解主要受土壤 CO_2 侵蚀时,其溶解性无机碳同位素值($\delta^{13}C_{DIC}$)约为-8.5%,当地下水主要受动物粪便和人类活动影响时,有机质降解产生的 $\delta^{13}C_{DIC}$ 在-14%左右,当 $\delta^{13}C_{DIC}$ 约为 0% 时,碳酸盐矿物溶解主要受强酸或大气 CO_2 影响。图 6-12(a)显示煤矿区大部分水样 $\delta^{13}C_{DIC}$ 分布在-8.5%这条线的上下范围,说明研究区域水样中 DIC 主要来源于土壤 CO_2 侵蚀碳酸盐矿物。O1 和 Q1 处水样 $\delta^{13}C_{DIC}$ 明显高于-8.5%,分别为-4.1%和-4.56%,说明其 HCO_3^- 主要来源于碳酸盐岩溶解作用,受硫酸控制影响较强烈,其 $\delta^{13}C_{DIC}$ 偏高。

学者利用 $\delta^{13}C_{DIC}$ 研究水体中的 DIC 主要受碳酸盐岩的溶解、大气 CO_2、土壤 CO_2 和有机质降解的影响。焦作煤矿区地下水 SO_4^{2-} 含量超标,硫酸参与碳酸盐矿物溶解,因此考虑硫酸对水体 $\delta^{13}C_{DIC}$ 的影响,从煤矿开采角度分析 $\delta^{13}C_{DIC}$ 的变化。

图 6-12(a)中煤矿开采区大部分水样的 $\delta^{13}C_{DIC}$ 低于非煤矿开采区,而其 HCO_3^- 的摩尔浓度含量处于正常波动范围,说明煤矿开采对研究区地下水 $\delta^{13}C_{DIC}$ 具有一定影响。区域二中的石炭系灰岩水水样(C5、C8、C10)的 $\delta^{13}C_{DIC}$ 较小,处于$-8.5\%\sim-14\%$范围中间位置,说明该区域地下水 DIC 主要受土壤中

CO_2 入渗和有机质的降解作用,共同控制碳酸盐矿物溶解。石炭系灰岩水组中的 C7 处 $\delta^{13}C_{DIC}$ 为 $-8.13‰$,处于较正常范围,其 HCO_3^- 摩尔浓度含量非常高,达 20.8 mmol/L,可见此处受人类活动的影响剧烈,碳酸盐矿物大量溶解造成其摩尔浓度升高。

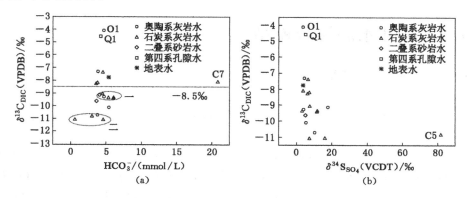

图 6-12　$\delta^{13}C_{DIC}$ 和 HCO_3^-、$\delta^{34}S_{SO_4}$ 的关系图

图 6-12(b)显示,煤矿区地下水 $\delta^{13}C_{DIC}$ 和 $\delta^{34}S_{SO_4}$ 整体上成反比关系,随着 $\delta^{34}S_{SO_4}$ 增大,$\delta^{13}C_{DIC}$ 逐渐减小,如石炭系灰岩水组中的 C5 处 $\delta^{34}S_{SO_4}$ 高达 81.8‰,形成 S 富集,但 $\delta^{13}C_{DIC}$ 极低,只有 $-10.83‰$,全部水样的 $\delta^{13}C_{DIC}$ 和 $\delta^{34}S_{SO_4}$ 相关系数 $R_1 = 0.36$,奥陶系灰岩水组和石炭系灰岩水组 $\delta^{13}C_{DIC}$ 与 $\delta^{34}S_{SO_4}$ 相关系数 R 分别是 0.4 和 0.48,相较于 R_1,相关性有所增强,说明了煤矿水中 $\delta^{13}C_{DIC}$ 的大小在一定程度上受到了 $\delta^{34}S_{SO_4}$ 影响,硫酸参与碳酸盐矿物的溶解(见式 6-14),使水中的 $\delta^{13}C_{DIC}$ 发生变化。

$$2CaCO_3 + H_2SO_4 \rightarrow 2Ca^{2+} + 2HCO_3^- + 2SO_4^{2-} \tag{6-14}$$

另一方面也解释了硫化矿物的氧化溶解生成了硫酸,pH 值却偏弱碱性的问题,与硫酸参与方解石的溶解反应有关,消耗生成硫酸的含量,造成水中 H^+ 含量降低,使煤矿区水样的 pH 值大于 7,呈弱碱性。

煤矿开采改变了地下水动力过程,造成地下水环境变化,促进硫化物氧化生成硫酸盐。虽然应用同位素研究地下水中硫酸盐来源和迁移问题的报道层出不穷,但是受时空尺度差异和气候、水文地质条件、地形地貌以及人为活动等因素的共同影响,SO_4^{2-} 源解析结果仍存在不确定性,该方面的研究成果仍不够,且地域不同,硫酸盐的迁移转化机制也不尽相同。

采用 $\delta^{34}S_{SO_4}$、$\delta^{18}O_{SO_4}$、$\delta^{2}H_{H_2O}$、$\delta^{18}O_{H_2O}$ 以及 $\delta^{13}C_{DIC}$ 等多同位素明晰煤矿开采区和非开采区地下水循环规律及硫酸盐迁移过程,量化煤矿地下水硫酸盐来源,

确定硫酸盐增高机制,为煤矿地下水资源利用提供理论参考。目前对于矿井地下水 SO_4^{2-} 研究仍具有一定局限性,缺乏高频次的检测数据,随着科学研究的进步,实现对煤矿区地下水的高频次检测,从而实现时间跨度上的硫酸盐溯源问题。

6.4　矿井水源混合模型

6.4.1　二端元混合模型

1. 基本理论

根据稳定同位素 $\delta^{18}O$ 质量守恒方程,利用地下水、丹河水数据,采用下式估算:

$$\delta^{18}O_{sa} = f\delta^{18}O_{da} + (1-f)\,\delta^{18}O_{gr} \qquad (6-15)$$

式中,f 为丹河水补给所占的比例;$\delta^{18}O_{sa}$ 为地下水样品中的 $\delta^{18}O$ 浓度;$\delta^{18}O_{da}$ 为丹河水的 $\delta^{18}O$ 浓度;$\delta^{18}O_{gr}$ 为北部太行山区地下水的 $\delta^{18}O$ 浓度(泉水的 $\delta^{18}O$ 平均值)。

2. 应用实例——丹河渗漏对矿区地下水影响

通过调查发现,丹河渗漏水在朱村等西部矿区得到排泄。图 6-13 显示,在渗漏段,裸露的奥陶系灰岩水与河水及第四系含水层直接接触,没有隔水层。奥灰水水位明显低于河水,两者具备水力联系的动力及地质条件。沿丹河至朱村矿径流路径,地下水中 Cl^-、TDS 和电导率逐渐升高,反映了水-岩相互作用的特征。电导率是水体中总溶解离子浓度的总体反映,在一定程度上反映了水分在运移路径和滞留时间的长短,在没有与电导率较小的水体混合、气体析出和溶解性固体沉淀的情况下,水体的电导率是逐渐升高的。以上说明,丹河渗漏水补给了西部矿区地下水。而东部矿区 Cl^- 含量、电导率及 TDS 含量要明显低于丹河水,说明丹河水与东部矿区地下水联系较弱。从丹河渗漏段—西部矿区—东部矿区,地下水 $\delta^{18}O$ 逐渐减小,表现了很强的规律性,说明矿区深层地下水还存在 $\delta^{18}O$ 为负的补给源,主要为北部太行山区地下水。

计算结果表明,西部矿区深层地下水量的 70% 来源于丹河渗漏水的补给,30% 来源于北部太行山区岩溶水。这也是该矿区涌水量一直高于其他矿井的主要原因。朱村断层连通了朱村矿与下游丹河段,这可能是丹河渗漏水补给西部矿区的主要路径。

6.4.2　三端元混合模型

1. 基本理论

地下水的 H 和 O 稳定同位素在低温(<60 ℃)下与岩石相互作用时不会发

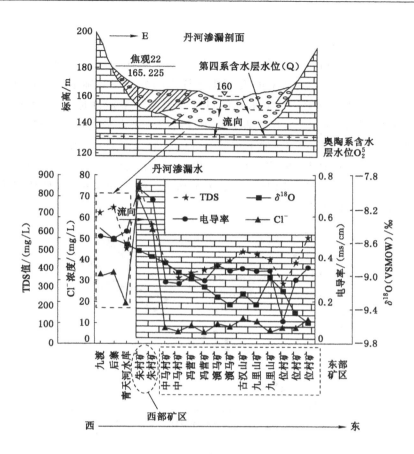

图 6-13　丹河水、煤矿区奥灰水和太灰水 Cl⁻ 浓度、TDS、电导率和 δ^{18}O 分布趋势

生变化。因此,混合比可以通过两个或三个端部构件的线性混合比计算模型来计算。模型($n=3$)如下:

$$\delta D = X_1(\delta D)_1 + \cdots + (\delta D)_n$$

$$\delta^{18}O = X_1(\delta^{18}O)_1 + \cdots + (\delta^{18}O)_n$$

$$X_1 + X_2 + \cdots + X_n = 1 \qquad (6\text{-}16)$$

式中,δD 和 $\delta^{18}O$ 分别是混合的 H 和 O 稳定同位素的组成;δD_1,$\cdots$,δD_n 和 $\delta^{18}O_1$,$\cdots$,$\Delta^{18}O_n$ 分别是不同末端成员的 H 和 O 稳定同位素的构成。X_1,X_2,$\cdots$,X_n 表示不同末端构件的混合比。研究区地下水示踪结果表明,降雨穿透地下水,蒸发地下水(第四系地下水)和“古地下水”(煤层砂岩地下水)表现出不同的 H 和 O 稳定同位素特征。因此,这两种类型的地下水可以直接用作混合端

构件。

2. 分析结果展示

根据 δ 值（δD 和 $\delta^{18}O$），在 $\delta^{18}O$-δD 散点图中绘制研究区不同含水层的地下水样本，如图 6-14 所示。$\triangle ABC$ 是根据水样点的分布特征确定的。建立的线性地下水混合比计算模型和地下水补给过程及追踪结果定性地表明，$\triangle ABC$ 中的 A 代表低比例的古地下水，B 代表无降雨渗透的地下水蒸发，C 是经过地表蒸发的第四系地下水，具有高 δ。地下水的 $\delta^{18}O$-δD 散点图显示，第四系地下水和寒武系石灰岩地下水靠近 BC 和 AC 线的相交端。由于蒸发，含水层中的渗透水具有主要优势。煤层砂岩地下水靠近 BA 和 AC 线的交叉端，这种情况说明与古地下水有显著的混合。

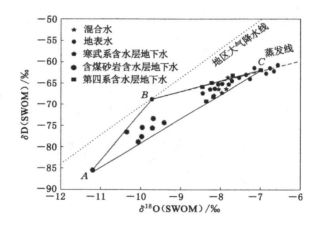

图 6-14　显示地下水混合过程的 δD-$\delta^{18}O$ 图

如图 6-15 所示，HCO_3^- 和 Cl^- 与混合比成线性关系，而 Na^+、Ca^{2+} 和 SO_4^{2-} 则表现出一定程度的弯曲。这一条件反映了 HCO_3^- 和 Cl^- 可以作为保守示踪离子来研究地下水的混合过程。从计算结果来看，煤层砂岩地下水占 60% 以上。深层灰岩地下水占比不到 20%，与第四系地下水接近。这一发现表明，深层石灰岩地下水主要来自第四系地下水的渗漏补给，这被认为是"现代"降雨补给。

6.4.3　多端元混合分析

第四系地下水和寒武系石灰岩地下水的 δD 和 $\delta^{18}O$ 随着 TDS 值的增加而增加，如图 6-16 所示。TDS 沿径流方向与原始含水层地下水混合，从而降低了 δD 和 $\delta^{18}O$。但是，沿径流方向的 TDS 增加。在煤层砂岩地下水中，$\delta^{13}C$ 随着 $CO_3^{2-}+HCO_3^-$ 的增加而降低（见图 6-17 中的第 3 行）。这种情况表明地下水在有机物生物降解过程中存在动力学分馏作用。$\delta^{13}C$ 随着寒武系石灰岩地下水

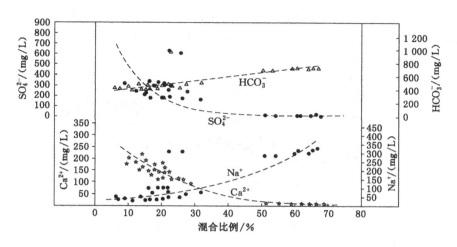

图 6-15　混合比与 Na^+、Ca^{2+}、HCO_3^- 和 SO_4^{2-} 的关系图

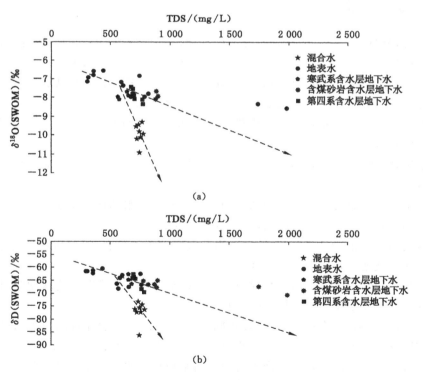

图 6-16　δD-TDS 和 $\delta^{18}O$-TDS 图

中 $CO_3^{2-}+HCO_3^-$ 的增加而增加,这种情况表明有机物由于产甲烷菌而产生甲烷(见图 6-17 中的第 1 行)。对于第四系地下水,$\delta^{13}C$ 随着 $CO_3^{2-}+HCO_3^-$ 的增加而降低(见图 6-17 中的第 2 行)。

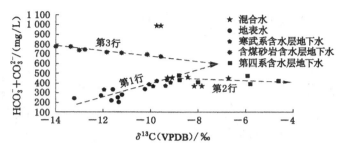

图 6-17 水样的 $\delta^{13}C$ 与 $CO_3^{2-}+HCO_3^-$ 的关系图

参 考 文 献

曹建文,夏日元,方尚武,等,2019.云贵高原斜坡地带典型地下水富硫酸盐地区"越层找水"模式及其机理研究[J].中国地质,46(2):235-243.

葛涛,储婷婷,刘桂建,等,2014.淮南煤田潘谢矿区深层地下水氢氧同位素特征分析[J].中国科学技术大学学报,44(2):112-118.

黄平华,陈建生,宁超,2012.焦作矿区地下水中氢氧同位素分析[J].煤炭学报,37(5):770-775.

黄平华,陈建生,宁超,等,2010.焦作矿区地下水水化学特征及其地球化学模拟[J].现代地质,24(2):369-376.

贾新生,张东,赵志琦,2016.南太行山山前平原地下水和地表水氢氧同位素组成及环境意义[J].地球与环境,44(3):281-289.

靳孟贵,张结,张志鑫,等,2022.地下水硫酸盐溯源的进展、问题和发展趋势[J].地质科技通报,41(5):160-171.

李思亮,刘丛强,丁虎,等,2012.$\delta^{13}C$-DIC 在河流风化和碳生物地球化学过程中的应用[J].地球环境学报,3(4):929-935.

李思亮,刘丛强,陶发祥,等,2004.碳同位素和水化学在示踪贵阳地下水碳的生物地球化学循环及污染中的应用[J].地球化学,33(2):165-170.

刘运涛,张东,赵志琦,2017.南太行山山前平原地下水水化学以及同位素组成研究[J].地球与环境,45(2):203-213.

马燕华,苏春利,刘伟江,等,2016.水化学和环境同位素在示踪枣庄市南部地下水硫酸盐污染源中的应用[J]. 环境科学,37(12):4690-4699.

袁红朝,张丽萍,耿梅梅,等,2013. Flash HT 和 GasBench Ⅱ-IRMS 分析水中氢氧同位素的方法比较[J]. 质谱学报,34(6):347-352.

张东,黄兴宇,李成杰,2013. 硫和氧同位素示踪黄河及支流河水硫酸盐来源[J]. 水科学进展,24(3):418-426.

张东,李玉红,张鸿禹,等,2019. 应用改进 DDARP 方法纯化天然水体样品中硫酸钡固体的效果评价[J]. 岩矿测试,38(1):77-84.

张东,刘丛强,汪福顺,等,2015. 农业活动干扰下地下水无机碳循环过程研究[J]. 中国环境科学,35(11):3359-3370.

张东,杨锦媚,黄兴宇,等,2019. 基于硫酸盐硫同位素的伊洛河流域河水溶解性重金属来源[J]. 中国环境科学,39(6):2549-2559.

邹霜,张东,李小倩,等,2022. 豫北山前平原深层地下水硫酸盐来源与污染途径的同位素示踪[J]. 地球科学,47(2):700-716.

GAMMONS C H, DUAIME T E, PARKER S R, et al., 2010. Geochemistry and stable isotope investigation of acid mine drainage associated with abandoned coal mines in central Montana, USA[J]. Chemical geology, 269 (1/2):100-112.

HUANG P H, CHEN J S, 2012. Recharge sources and hydrogeochemical evolution of groundwater in the coal-mining district of Jiaozuo, China[J]. Hydrogeology journal,20(4):739-754.

HUANG P H, WANG X Y, 2018. Groundwater-mixing mechanism in a multiaquifer system based on isotopic tracing theory: a case study in a coal mine district, China[J]. Geofluids,2018:9549141.

LI X Q, PAN G F, ZHOU A G, et al., 2022. Stable sulfur and oxygen isotopes of sulfate as tracers of antimony and arsenic pollution sources related to antimony mine activities in an impacted river[J]. Applied geochemistry,142: 105351.

LI X Q, ZHOU A G, GAN Y Q, et al., 2011. Controls on the δ^{34}S and δ^{18}O of dissolved sulfate in the Quaternary aquifers of the North China Plain[J]. Journal of hydrology,400(3/4):312-322.

REN K, ZENG J, LIANG J P, et al., 2021. Impacts of acid mine drainage on Karst aquifers: evidence from hydrogeochemistry, stable sulfur and oxygen isotopes[J]. The science of the total environment,761:143223.

SCANLON B R, 1989. Physical controls on hydrochemical variability in the inner bluegrass Karst region of central kentucky[a][J]. Groundwater,27(5): 639-646.

STEINHORST R K, WILLIAMS R E, 1985. Discrimination of groundwater sources using cluster analysis, MANOVA, canonical analysis and discriminant analysis[J]. Water resources research,21(8):1149-1156.

STETZENBACH K J, HODGE V F, GUO C, et al. , 2001. Geochemical and statistical evidence of deep carbonate groundwater within overlying volcanic rock aquifers/aquitards of southern Nevada, USA[J]. Journal of hydrology, 243(3/4):254-271.

TAYLOR B E, WHEELER M C, 1993. Sulfur- and oxygen-isotope geochemistry of acid mine drainage in the western United States[M]//ACS Symposium Series. Washington,DC:American Chemical Society.

WANG C Y, LIAO F, WANG G C, et al. , 2023. Hydrogeochemical evolution induced by long-term mining activities in a multi-aquifer system in the mining area[J]. The science of the total environment,854:158806.

ZHANG D, LI X D, ZHAO Z Q, et al. , 2015. Using dual isotopic data to track the sources and behaviors of dissolved sulfate in the western North China Plain[J]. Applied geochemistry,52:43-56.

ÓDRI Á, AMARAL FILHO J, SMART M, et al. , 2022. Sulfur and oxygen isotope constraints on sulfate sources and neutral rock drainage-related processes at a South African colliery [J]. The science of the total environment,846:157178.

第7章　基于放射性同位素的矿井水源识别技术

7.1　放射性同位素基本概念

　　元素的原子由原子核和电子构成,而原子核又由质子和中子组成,通常将具有相同的质子数而具有不同的中子数的元素叫同位素。其中,有一些同位素的原子核能自发地发射出粒子或射线,释放出一定的能量,同时质子数或中子数发生变化,从而转变成另一种元素的原子核。元素的这种特性叫放射性,这样的过程叫放射性衰变,这些元素叫放射性元素。

　　以镭、氡两种元素为例,自然界中存在 4 种天然镭同位素,分别是^{223}Ra、^{224}Ra、^{226}Ra 和^{228}Ra,其半衰期分别为 11.4 d、3.66 d、1 600 a 和 5.75 a。镭作为一种放射性同位素,会赋存在地下水中,且在煤矿开采区地下水中活度普遍偏高。其活度通常受到多种因素的影响,如温度、盐度、pH、煤矿开采作用、水岩相互作用、解析吸附作用等。氡由其母体镭衰变产生,是一种重要的惰性气体。氡在自然界中存在 3 种同位素,分别为^{219}Rn($T_{1/2}$＝3.96 s)、^{220}Rn($T_{1/2}$＝55.6 s)和^{222}Rn($T_{1/2}$＝3.83 d),是由^{223}Ra、^{224}Ra 和^{226}Ra 衰变产生,其中^{222}Rn 应用最为广泛。氡在水体中的迁移主要受到沉积环境中镭含量、沉积物的射气性能、温度和水动力条件等因素的影响。

7.2　测　年　方　法

7.2.1　氚测年

　　氚通常来源于大气层上部宇宙射线的快中子(超过 400 万电子伏特)与稳定的^{14}N 的核反应,即

$$^{14}N＋n \rightarrow {}^{3}H(T)＋{}^{12}C \tag{7-1}$$

反应产生的 ^{3}H(T)与大气中的氧原子化合成 HTO,以大气降水或水汽的形式参与水循环。

① 在一定条件下,地下水流中任意一点的氚含量(T)与氚的输入量(T_0)和水的滞留时间(t)有关,其关系式为:

$$T = T_0 \, e^{-\lambda t} \tag{7-2}$$

$$t = \frac{1}{\lambda} \ln\left(\frac{T}{T_0}\right) \tag{7-3}$$

因此,只要测得氚的输入浓度(T_0)和地下水的氚浓度(T),就可以求得地下水的年龄(t)。

② 氚单位(Tu):在 10^{18} 个氢原子中有一个氚原子。

③ 氚的半衰期 $T_{1/2}$ 为 12.43 a,属 β^- 衰变,衰变的最终产物为 ^{3}He:

$$^3_1\text{H} \rightarrow {}^3_2\text{He} + \beta^- + \gamma^- + Q \tag{7-4}$$

常用的同位素数学物理模型主要有活塞流模型(piston flow model,PFM)、指数模型(全混合模型,exponential model,EM)、指数-活塞流模型(exponential-piston flow model,EPM)等。

(1) 活塞流模型

活塞流模型假定流线平行且流速相等,即地下水不混合,不考虑动态扩散和分子弥散对同位素含量的影响。表达式为:

$$C_i = C_0 \, e^{-\lambda(t_i - t_0)} \tag{7-5}$$

式中,C_i 为氚输出函数;C_0 为氚输入函数;t_i 为同位素输出时间,即取样时间;t_0 为同位素输入时间。

(2) 指数模型

指数模型即全混合模型,满足一定的假定条件:地下水系统均匀混合,为地下水的平均氚浓度;无同位素交换发生;传输时间具有指数分布。

表达式为:

$$\begin{cases} C(t) = \displaystyle\int_0^\infty C_0(t-\tau) f(\tau) e^{-\lambda \tau} \, d\tau \\[2mm] f(\tau) = \dfrac{1}{\tau_m} e^{-\frac{\tau}{\tau_m}} \end{cases} \tag{7-6}$$

计算步骤:获得氚输入函数 $C_0(t-\tau)$ 之后,通过不同的 τ_m 计算出氚输出函数 $C(t)$,绘制 $C(t)$-τ_m 曲线,再根据样品的实测氚值,拟合 $C(t)$-τ_m 曲线,从而获得地下水年龄。通常情况下,天然含水层要达到充分混合是不容易的,但是当潜水含水层中的地下水以全排型泉水出露地表时或者取样孔位为完整井时,可以将其视为指数模型处理。

(3) 指数-活塞流模型

表达式为：

$$C(t) = \frac{1}{Q(t)} \int_0^\infty \alpha_i s_i C_{0i}(t-\tau) P_i(t-\tau) e^{-\lambda \tau} f(t) dt \tag{7-7}$$

$$f(\tau) = \begin{cases} \dfrac{\eta}{\tau_m} e^{-\frac{\eta}{\tau_m}\tau + \eta - 1}, & \tau \geqslant \tau_m\left(1 - \dfrac{1}{\eta}\right) \\ 0, & \tau < \tau_m\left(1 - \dfrac{1}{\eta}\right) \end{cases} \tag{7-8}$$

式中，$Q(t)$ 为开采量，m^3/a；α_i 为降水入渗系数（$i = 1, 2, \cdots, m$）；s_i 为降水入渗分区面积，km^2；m 为补给地下水系统的输入项；η 为地下水系统中储存水总体积与全混水体积的比值；$P_i(t-\tau)$ 为年平均降水量。模型的参数 η 采用试算法拟合确定。当 $\eta = \infty$ 时，该模型即为活塞流模型；当 $\eta = 1$ 时，该模型为全混合模型。

7.2.2 ^{14}C 测年

大气层上部宇宙射线产生的中子（主要是慢中子）与稳定的 ^{14}N 原子之间的核反应产生 ^{14}C，即

$$^{14}_{7}N + ^{1}_{0}n \rightarrow ^{14}_{6}C + ^{1}_{1}H(P)（质子） \tag{7-9}$$

反应生成的 ^{14}C 很快氧化成 $^{14}CO_2$ 分子，并与不活泼的 $^{12}CO_2$ 混合，遍布于整个大气圈。大气层上部不断产生新的 ^{14}C，但这些 ^{14}C 又不断地衰减和被生物圈和水圈的物质所吸收，从而使大气圈中的 ^{14}C 浓度维持一种相对稳定的动态平衡状态；生物圈物质吸收 ^{14}C 的主要方式是植物的光合作用和呼吸作用，而动物以直接或间接食用食物来获得 ^{14}C（生命效应），一旦生命终止，^{14}C 就不能进入有机体内，这时有机体内的 ^{14}C 就不断地随着时间的推移而变少，水圈和部分含碳酸盐的沉积物的 ^{14}C 主要来自大气 CO_2 的溶解和同位素交换作用，构成了大气圈、生物圈、水圈以及岩石圈中部分碳酸盐的天然 ^{14}C 的循环；各水体中的含 ^{14}C 的物质从交换储存库转入非交换储存库后，就赋予了定年的意义，由于 ^{14}C 的 $T_{1/2}$ 为（5 730 ± 40）a，因此地下水定年的上限为（5～6）× 10^4 a。

地下水含有放射性同位素 ^{14}C，一旦地下水进入封闭系统，^{14}C 就开始按衰变规律而衰减，地下水定年根据衰变方程为：

$$t = \frac{1}{\lambda} \frac{A_0}{A_{nd}} \tag{7-10}$$

式中，A_0 为地下水初始 ^{14}C 放射性浓度；A_{nd} 为实测样品的 ^{14}C 活度；t 为样品的 ^{14}C 年龄；λ 为 ^{14}C 的衰变常数。

这里值得注意的是，在利用式（7-10）计算地下水 ^{14}C 年龄时有下述两个前提条件：

（1）初始 ^{14}C 含量在所确定的年龄范围内是一个常数。

根据目前研究，大气中 ^{14}C 含量受到德夫里效应、休斯效应、热核效应的影

响而存在波动。一般假设大气 CO_2 的 ^{14}C 浓度为 104.3 pmc。此外,由于 ^{14}C 同位素分馏作用,土壤二氧化碳中 ^{14}C 含量一般为 100 pmc。

(2) ^{14}C 在地下水系统中的浓度仅受放射性衰变影响。

由于碳酸盐矿物的溶解稀释、碳酸盐矿物的沉淀分馏以及同位素交换反应等因素会影响地下水中 ^{14}C 浓度,所以该假设条件在实际情况中一般不可能存在。由于 ^{14}C 法在应用过程中存在上述问题,因而很多学者提出了多种校正模型,以提高地下水 ^{14}C 测定的精度。

从衰变式可以看出,任何一种定年模型都需要一个地下水的初始 ^{14}C 浓度 (A_0),该值是考虑所有影响因素后地下水的初始 ^{14}C 浓度。^{14}C 年龄校正模型有基于化学平衡的碱度(ALK)模型、CMB 模型和基于 ^{13}C 质量平衡的 $\delta^{13}C$ 模型以及考虑较复杂条件(同位素分馏)的 Fontes-Garnier 模型等。

7.2.3 镭-氡测年

放射性同位素是目前研究不同尺度条件下煤矿地下水混合过程非常有效的手段,被经常用于确定地下水径流途径、估算地下水年龄、评估地下水来源、径流路径及混合规律。

铀、镭、氡均为放射性同位素,其中铀衰变成镭,镭衰变成氡。基于镭-氡放射性同位素的累计公式、放射性周期及其物理化学性质,1969 年,苏联化学家契尔登采夫总结出镭-氡法估算地下水年龄公式:

$$n_{终} = n_{始}(1 - e - \lambda t) \tag{7-11}$$

基于公式(7-11),新生水和老水的年龄计算公式如下:

当 $t \leqslant 1$ 时:

$$t = \frac{1}{\lambda_{Ra}} \times \frac{n_{Ra}}{n_{Rn}} \tag{7-12}$$

当 $t > 1$ 时:

$$t = -\frac{1}{\lambda_{Ra}} \ln(1 - \frac{n_{Ra}}{n_{Rn}}) \tag{7-13}$$

式中,t 为地下水年龄;n_{Ra} 为 ^{226}Ra 的最终含量;n_{Rn} 为 ^{222}Rn 的起始含量;λ_{Ra} 为 ^{226}Ra 的衰变常数。

从理论上来讲,利用放射性核素测定地下水年龄时,放射性核素的衰变常数 λ 值越小或者半衰期越大,所测定地下水年龄的年限就越大。由于 ^{222}Rn 的半衰期较短,仅有 3.825 d,^{226}Ra 的半衰期为 1 620 a,所以镭-氡法对于地下水年龄的测定范围为几年到几千年。

7.3 矿井地下水放射性同位素特征

华北型煤田是我国一个非常重要的产煤区,煤田呈现出分布较广、煤质较好、煤层较多及煤储量较大等诸多优点。近些年,华北型煤田仍在不断向深部进行开采活动。目前开采深度已达地下近千米,且开采深度每年仍在逐渐增加,有近百个煤矿底板灰岩疏放水存在高温异常现象,如平顶山煤田十三矿埋深800 m寒武灰岩地下水温高达53 ℃。同时受开采作用的影响,煤层底板多层灰岩地下水总体上体现镭、氡同位素活度显著偏高的特征。由于放射性同位素的高度敏感性,其效果可能在某些区域要优于传统水化学离子,因此,研究煤矿开采下放射性同位素分布规律及影响因素,以及在高地温作用下研究煤矿底板灰岩地下水的镭、氡分布规律,构建相应混合水源识别模型,揭示煤矿涌水混合机制,对于提升煤矿水害防治理论具有重要意义。

7.3.1　氡含量测定及特征

根据我国标准水中氡分析测定方法的规定,综合对比国内外诸多测试方法和仪器,我们最终选用高精度、高灵敏度、高分辨率、易携带的 FD218α 能谱测量仪,如图 7-1 所示。测量步骤如下:

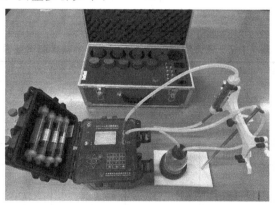

图 7-1　主要测定仪器

（1）待测样品制备

把待测样品缓慢倒入取样瓶中,其中取样瓶分 400 mL 和 80 mL 两种规格,由于天然条件下水样中氡含量较低,实验使用 400 mL 大取样瓶。倒入时注意看齐刻度加至规定容量并拧紧瓶盖密封。

（2）连接仪器

安装固定底座及支架→用仪器配备的硅胶管连接鼓气管和取样瓶盖→连接仪器与取样瓶。

（3）水中氡的测量

开机检查:"仪器设置"→"时间"→"水中氡"及"仪器设置"→"参数"→"循环

次数"。

选择"水氡测量",按"OK"键后选择"大采样瓶",按"OK"键启动测量,仪器自动计算结果,单位为 Bq/L。

7.3.2 镭含量测定及特征

天然条件下,地下水中镭的含量不高,因此测定前需要对水样中镭进行富集。首先使用醋酸纤维膜(孔径 0.45 μm)过滤采集好的水样,去除水中的悬浮颗粒物,然后将 15 g 左右制备好的锰纤维均匀地封装在 PVC 样品柱中,最后利用虹吸方式让水样以 1~2 L/min 的流速通过 PVC 样品柱来富集地下水水体中的镭。

收集整理平顶山煤田深层地下水水样中核素测试结果,见表 7-1。由表可得:二叠系砂岩地下水、石炭系灰岩地下水和寒武系灰岩地下水中镭和氡含量随着深度增加呈明显的增高趋势,由深层灰岩地下水中镭和氡含量可以推断地下水的年龄和温度,揭示地下水的径流路径和混合机制,故可作为构建混合模型的相关变量。

表 7-1 平顶山煤田深层地下水水样中核素测试结果

含水层	特征	$N_U/(ug/L)$	$N_{Rn}/(Bq/L)$	$N_{Rn}/(Bq/L)$	$T/℃$
二叠系砂岩地下水	平均值	0.10	0.31	1.24	31
	最大值	0.14	0.44	1.79	34
	最小值	0.06	0.19	0.69	28
石炭系灰岩地下水	平均值	0.39	1.88	16.40	39
	最大值	1.65	3.67	21.86	40
	最小值	0.05	0.35	11.80	39
寒武系灰岩地下水	平均值	0.34	4.68	90.44	48
	最大值	0.44	5.05	108.82	49
	最小值	0.24	4.40	77.62	48

7.4 矿井地下水放射性同位素迁移机制

本节将基于数理统计、质量守恒原理、放射性同位素衰变理论等方法,以典型华北型煤田——焦作煤矿区为研究区域,构建并验证地下水中氡迁移质量平衡模型以及镭氡质量平衡模型,进而对模型进行求解分析,分析不同放射性同位素的影响因素,并利用氚测年法对地下水年龄进行计算。

7.4.1　地下水氡迁移质量平衡模型构建及验证

1. 地下水氡迁移质量平衡模型构建

为探究 ^{222}Rn 在地下水中的迁移规律,本书构建了灰岩地下水 ^{222}Rn 迁移模型。在模型的构建中,假设条件如下:

(1) 灰岩地下水流动缓慢,不考虑水体流动对 ^{222}Rn 迁移的影响,地下水为稳态。

(2) ^{222}Rn 在水中的运移符合 Fick 定律。

(3) 遵循质量守恒原理及放射性同位素衰变理论。

根据以上原则,灰岩地下水中 ^{222}Rn 一维迁移模型为:

$$\begin{cases} D_{Rn}\dfrac{\partial^2 C_{Rn}}{\partial y^2} - \lambda_{Rn}C_{Rn} + \lambda_{Ra}C_{Ra} = 0 \\ t = -\dfrac{1}{\lambda_{Ra}}\ln\left(1 - \dfrac{C_{Ra}}{C_{Rn}}\right) \end{cases} \tag{7-14}$$

边界条件为:

$$\begin{cases} D_{Rn}\dfrac{\partial C_{Rn}}{\partial y} = -J_0, y = 0 \\ D_{Rn}\dfrac{\partial C_{Rn}}{\partial y} = k(\alpha C_0 - C_{Rn}), y = H \end{cases} \tag{7-15}$$

在上述公式中,D_{Rn} 为水中 ^{222}Rn 扩散系数,m^2/s;C_{Rn} 为水中 ^{222}Rn 浓度,Bq/m^3;C_0 为含水层底部 ^{222}Rn 的浓度,Bq/m^3;α 为气体交换系数,无量纲,其值和温度有关,一般情况下 α 可取为 0.25;H 为含水层厚度,m;λ_{Rn} 为 ^{222}Rn 的衰变常数,$\lambda_{Rn} = 2.1 \times 10^{-6}\ s^{-1}$;$\lambda_{Ra}$ 为 ^{226}Ra 的衰变系数,$\lambda_{Ra} = 1.37 \times 10^{-11}\ s^{-1}$;$C_{Ra}$ 为水中 ^{226}Ra 的浓度,Bq/m^3;t 为地下水在含水层中滞留时间,a;J_0 为水体底部射气介质 ^{222}Rn 析出率,$Bq/(m^2 \cdot s)$;k 是 ^{222}Rn 传输速率,m/s,表征 ^{222}Rn 运移强度。

对其进行求解可得:

$$D_{Rn}\frac{\partial^2 C_{Rn}}{\partial y^2} - \lambda_{Rn}C_{Rn} + (1 - e^{-\lambda_{Ra}t})C_{Rn} = 0 \tag{7-16}$$

即

$$D_{Rn}\frac{\partial^2 C_{Rn}}{\partial y^2} - (e^{-\lambda_{Ra}t} + \lambda_{Rn} - 1)C_{Rn} = 0 \tag{7-17}$$

令

$$A_1 = e^{-\lambda_{Ra}t} + \lambda_{Rn} - 1$$

$$C_{Rn} = \frac{J_0 k e^{2A_3} + J_0\, e^{2A_3}\sqrt{D_{Rn}A_1} - J_0 k e^{2A_2} + J_0\, e^{2A_2}\sqrt{D_{Rn}A_1} + C_0 \alpha k\, e^{A_3}\sqrt{D_{Rn}A_1} + C_0 \alpha k\, e^{2A_2+A_3}\sqrt{D_{Rn}A_1}}{D_{Rn}A_1\, e^{A_2+2A_3} - D_{Rn}A_1\, e^{A_2} + k e^{A_2}\sqrt{D_{Rn}A_1} + k e^{A_2+2A_3}\sqrt{D_{Rn}A_1}} \tag{7-18}$$

其中,$A_2 = \dfrac{y\sqrt{D_{Rn}A_1}}{D_{Rn}}$,$A_3 = \dfrac{H\sqrt{D_{Rn}A_1}}{D_{Rn}}$。

2. 地下水氡迁移质量平衡模型验证

针对焦作煤矿区,对^{222}Rn迁移规律进行模拟。焦作煤矿区属于排泄区,补给区位于太行山山前区域,煤矿区地下水在含水层中滞留时间为300年左右。在参数的选择上,^{222}Rn初始活度值取补给区均值,为94.5 Bq/m³,将所取水样^{222}Rn活度均值作为终点值,验证模型合理性。其他参数均根据研究区实际情况,合理选择。水中^{222}Rn活度C_{Rn}与水体深度H之间的模拟结果如图7-2所示。

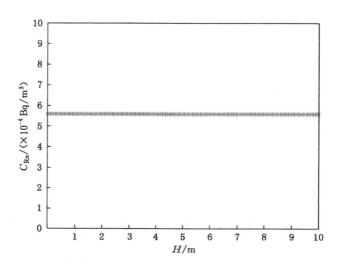

图 7-2　研究区^{222}Rn模拟结果

补给水源通过裂隙快速到达排泄区,并在煤矿区含水层滞留约300年。由图7-2模拟结果可以看出,其活度下降幅度较大,由94.5 Bq/m³下降至5×10⁻⁴~6×10⁻⁴ Bq/m³,但仍不为0。所取水样实际^{222}Rn活度均值为1.56×10⁻⁴ Bq/m³,模拟结果与实测值较为贴合,符合预期结果,表明模型合理。

7.4.2　地下水镭氡质量平衡模型构建及验证

1. 地下水镭氡质量平衡模型构建

由于^{222}Rn为惰性气体,不受含水层中固体颗粒吸附作用影响,其活度影响因素有以下几种:① 其母体^{226}Ra衰变生成;② ^{222}Rn自身衰变减少;③ 含水层中沉积物补给。由于^{222}Rn半衰期较短,含水层不易接受地表水(湖泊、河流等)中^{222}Rn的补给。在一定时间内,含水层中^{222}Rn活度不变,根据质量守恒原理及放射性同位素衰变理论,有:

$$\frac{\partial C_{Rn}}{\partial t} = \lambda_{Ra} C_{Ra} + P - \lambda_{Rn} C_{Rn} = 0 \tag{7-19}$$

式中，C_{Rn} 为 ^{222}Rn 的活度；λ_{Rn} 为 ^{222}Rn 的衰变常数，66 a^{-1}；λ_{Ra} 为 ^{226}Ra 的衰变常数，4.33×10^{-4} a；C_{Ra} 为 ^{226}Ra 的活度；P 为含水层中沉积物 ^{222}Rn 补给量。

在计算过程中，分别计算关闭煤矿区与开采煤矿区。由计算结果可知，关闭煤矿区 P 为 8.58 Bq/(L·a)，开采煤矿区 P 为 95.04 Bq/(L·a)。含水层沉积物补给量较大，在 90% 以上。这是由含水层自身较低的 ^{226}Ra 活度所造成的，其含水层本身 ^{226}Ra 不足以产生足量 ^{222}Rn。同时，将关闭煤矿区与开采煤矿区的 P 进行对比，可以看出开采煤矿含水层中沉积物补给量较大。

在淡水环境中，镭会吸附在固相颗粒表面上，当固相颗粒遇到咸水时解析到水体中。由于焦作地区为内陆区域，关闭煤矿区与开采煤矿区地下水环境均为淡水环境，只考虑 ^{226}Ra 的吸附作用。

由于含水层较低的 ^{230}Th 活度伴随着较高的 ^{226}Ra 活度，含水层中沉积物中 ^{226}Ra 活度较高，即含水层中沉积物对其存在补给。因此，含水层中 ^{226}Ra 的来源有以下四部分组成：① 母体的衰变生成；② 自身的衰变减少；③ 含水层中沉积物补给；④ 含水层中固相颗粒的吸附作用。根据 ^{226}Ra 质量守恒原理及反射性同位素衰变理论，有：

$$\frac{\partial C_{Ra}}{\partial t} = \lambda_{Th} C_{Th} - k\lambda_{Ra} C_{Ra} + P - \lambda_{Ca} C_{Ra} = 0 \qquad (7\text{-}20)$$

式中，C_{Th} 为 ^{230}Th 的活度；λ_{Th} 为 ^{230}Th 的衰变常数；k 为含水层对 ^{226}Ra 的吸附系数；λ_{Ra} 为 ^{226}Ra 的衰变常数；C_{Ra} 为 ^{226}Ra 的活度；P 为含水层中沉积物 ^{226}Ra 补给量。

为区别煤矿开采对补给比例影响，将关闭煤矿区和开采煤矿区分别计算。所有计算使用数值均采用均值表示。在关闭煤矿区，取 C_{Th} 为 0.05 Bq/L，λ_{Th} 为 8.66×10^{-5} a^{-1}，λ_{Ra} 为 4.33×10^{-4} a^{-1}，C_{Ra} 取平均活度 0.002 8 Bq/L。在地下水中，吸附系数受多种因素影响，包括岩石岩性、含水层中离子含量（Mn^{2+}、Mg^{2+}）等，不能将其简单的看作一个具体值进行计算。因此，将在不同的吸附系数下，分别判断含水层自身和含水层中沉积物的补给关系。补给方向以含水层沉积物对含水层进行补给为正。计算结果见表 7-2。

表 7-2　关闭煤矿区 ^{226}Ra 质量平衡结果

吸附系数	$k=0$	$k=1$	$k=5$	$k=10$	$k=20$	$k=100$
补给量	-3.1×10^{-6}	-1.8×10^{-6}	3.0×10^{-6}	9.2×10^{-6}	1.2×10^{-4}	1.2×10^{-4}
补给比例	—	—	40.9%	68.0%	82.9%	96.5%
补给方向	反向	反向	正向	正向	正向	正向

由上述结果可以看出,当固体颗粒对^{226}Ra吸附作用较小时,由其母体衰变而成的^{226}Ra已足够,并会向外界排泄^{226}Ra,达到放射性同位素平衡。随着吸附作用逐渐增大,部分^{226}Ra失去活性,无法自由移动,被吸附在固体颗粒周围。此时,含水层中沉积物会释放^{226}Ra。随着吸附作用的不断增强,含水层本身可释放的^{226}Ra越少,其沉积物对其补给强度越大。由计算可知,当吸附系数k处于1~5之间,不再需要外界的补给或吸收,含水层本身会达到平衡。同样,开采煤矿区依然采用此方法计算补给量,补给方向同上。在开采煤矿区,C_{Th}为0.05 Bq/L,λ_{Th}为8.66×10^{-5} a^{-1},λ_{Ra}取4.33×10^{-4} a^{-1},C_{Ra}取平均活度0.007 5 Bq/L。

由表7-3可知,当$k=0$,即无吸附作用时,母体衰变而成的^{226}Ra足以维持平衡,可以向外界释放^{226}Ra。当k达到1时,吸附作用已经很明显,需要含水层沉积物对其进行补给。随着吸附作用越来越强,补给程度会越来越大。对比关闭煤矿区与开采煤矿区,显然,由^{226}Ra向外界排泄变为接受补给,开采煤矿区k值较小。

表 7-3 开采煤矿区^{226}Ra质量平衡结果

吸附系数	$k=0$	$k=1$	$k=5$	$k=10$	$k=20$	$k=100$
补给量	-3.1×10^{-6}	1.3×10^{-7}	1.3×10^{-5}	2.9×10^{-5}	6.2×10^{-5}	3.2×10^{-4}
补给比例	—	29.1%	75.0%	87.0%	93.5%	98.7%
补给方向	反向	正向	正向	正向	正向	正向

2. 地下水镭氡质量平衡模型验证

由于含水层接受沉积物补给较大,表明开采煤矿区接受补给程度要远大于关闭煤矿区。结合两种同位素计算结果,开采煤矿区的实际吸附系数为10以上,吸附作用效果比较明显,对^{226}Ra活度影响较大。同时,前人通过实验室解析吸附实验,得出^{226}Ra活度与盐度随时间的变化值,通过数据分析,得到吸附系数与盐度之间的关系。同时,将本书研究区域盐度值代入该计算公式中,两者计算结果较为接近,表明用镭氡质量平衡方法判断吸附系数较为合理。

7.4.3 放射性同位素活度影响因素分析

1. 铀影响因素分析

由于^{234}U半衰期较长,通常可以视为稳定同位素。^{234}U含量整体偏低,在关闭煤矿区,最低含量为0.72 μg/L,最高含量为2.03 μg/L;在开采煤矿区,最低含量为0.04 μg/L,最高含量为3.21 μg/L。整体上,^{234}U开采煤矿区高于关闭煤矿区。在关闭煤矿区,^{234}U含量与温度成显著正相关($R^2 = 0.792$),受温度影响较为明显；在开采煤矿区，^{234}U 含量与温度成反比，但相关性较弱（$R^2 =$ 0.201），如图 7-3 所示。

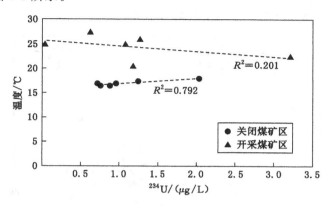

图 7-3 温度与 ^{234}U 的关系

开采煤矿区铀含量整体上要高于关闭煤矿区。这可能是由于煤矿开采活动使地下水循环加快，增大了含水层中水体的流速，使得水体中的铀也加速迁移，移动速度增大，致使铀整体上会更大概率均匀分布在含水层中，从而增大铀在含水层中的整体平均含量。

2. 镭影响因素分析

对比研究煤矿区同一时期不同开采状态下 ^{226}Ra 活度值，可以明显看出，研究区 ^{226}Ra 活度整体较低，最小值为 0.002 Bq/L，最大值为 0.021 Bq/L。关闭煤矿区整体活度低于开采煤矿区，关闭煤矿区最小值为 0.002 Bq/L，最大值为 0.006 Bq/L；开采煤矿区最小值为 0.003 Bq/L，最大值为 0.021 Bq/L，表明 ^{226}Ra 活度受煤矿开采活动影响较为显著。

关闭煤矿区 TDS 较为集中，整体在 300 上下浮动，而开采煤矿区 TDS 分布较为分散，最大值达 1 134.1，最小为 131.58，煤矿开采活动对地下水环境影响较大。在开采煤矿区，TDS 和 ^{226}Ra 具有明显相关性，TDS 增大会抑制 ^{226}Ra 活度。开采煤矿区 Na^+ 浓度显著高于关闭煤矿区，Na^+ 与 ^{226}Ra 无明显相关性，其分布较为随机，但 Na^+ 浓度增高使 ^{226}Ra 活度增大。关闭煤矿区与开采煤矿区 SO_4^{2-} 浓度分布特征相似，整体上关闭煤矿区浓度高于开采煤矿区。这与 ^{226}Ra 活度分布特征恰好相反。当 SO_4^{2-} 浓度较高时，对 ^{226}Ra 活度产生一定限制。

3. 氡影响因素分析

在关闭煤矿区，^{222}Rn 活度整体较低，均未超过 0.5 Bq/L，而在开采煤矿区部分水样点超过该值，最大值接近 2 Bq/L，表明煤矿开采活动增大 ^{222}Rn 活度。

由于 $^{222}Rn/^{226}Ra$ 显著大于 1,说明地下水中 ^{222}Rn 不仅受地下水中 ^{226}Ra 衰变产生,还存在其他 ^{222}Rn 源。

^{222}Rn 受温度影响较大, ^{222}Rn 与温度的关系如图 7-4 所示。

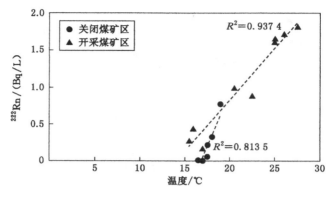

图 7-4　^{222}Rn 与温度的关系

如图 7-4 所示,对于关闭煤矿区和开采煤矿区, ^{222}Rn 与温度均有良好相关性,其相关性系数 R^2 均在 0.8 以上,且开采煤矿区 R^2 更大。随着温度升高, ^{222}Rn 活度逐渐增大。同时,从线性回归线的斜率可以看出, ^{222}Rn 活度增加相同程度,开采煤矿区温度升高更多。

可以看出,煤矿开采活动对 ^{222}Rn 活度值变化具有很大影响。煤矿开采活动的加剧,会使地下水 ^{222}Rn 活度增大,这可能是由于煤矿开采促进了地下水的循环,尽管 ^{222}Rn 为气体,不溶于水体,也会在水体的快速运动中加速运移。另一种可能的原因是关闭煤矿区地下水环境几乎不与外界发生交换作用,空气也流动缓慢。而在开采煤矿区,为保证煤矿安全生产,通常会设置通风口,保证氧气的供应,同时可以降低地下环境周围温度,通风量的增大会增大气体的流动,带动 ^{222}Rn 的迁移。

4. 其他放射性同位素影响因素分析

α 粒子主要来源于放射性同位的衰变,是放射性同位素(^{234}U、^{230}Th、^{226}Ra 及 ^{222}Rn 等)的衰变伴生产物,其本质为一个氦核。这一性质决定 α 粒子分布特征应与放射性同位素相一致,但考虑 ^{234}U、^{230}Th 半衰期较长,此处不予考虑。由图 7-5 可以看出,对于 α 粒子含量,开采煤矿区整体上高于关闭煤矿区,与 ^{226}Ra、^{222}Rn 活度成正相关关系,此关系在开采煤矿区更为明显。

研究区内 ^{230}Th 整体含量较低,关闭煤矿区、开采煤矿区活度均低于仪器检测下限,表明焦作矿区整体含量偏低,活度受其他因素影响较小。关闭煤矿区、开采煤矿区 ^{210}Pb 活度与 ^{230}Th 活度情况相似,煤矿开采与否对同位素活度影响

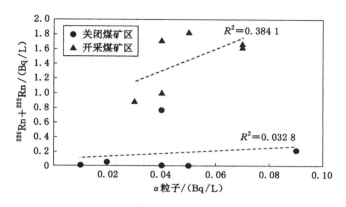

图 7-5　α 粒子与母体含量关系

较小,具体影响机制仍需进一步深入研究。

7.4.4　地下水年龄计算

多年降水氚浓度数据作为地下水系统的输入信号,是氚法的基础。降水中氚浓度的分布尚未查明,国际原子能机构(IAEA)和世界气象组织(WMO)在世界各地建立了观测站,而我国直到 1978 年后在全国布置了统一的检测网络,其中包括郑州、太原等几个站点,但由于 1953 年以来大部分地区缺乏系统的观测资料,有必要恢复大气降水中氚的浓度。因此,本节采用因子分析法对焦作大气降水的氚浓度进行恢复,并运用活塞流模型和全混合模型对地下水年龄进行计算分析。

有学者建立了大气降水中年平均氚浓度全球模型(GMTP),但存在拟合误差、数据缺失等问题,后有学者在此基础上,选用 IAEA 最近发布的 1960—2005 年南纬 50°—北纬 70°站点的实测数据,应用因子分析法建立了全球大气降水年平均氚浓度的恢复模型(MGMTP),但是该模型面临着适用年龄有限的问题,即数据只恢复到 2005 年,而且 1990 年以后的数据恢复的有较大误差,负值出现频率较高。有学者拓展了 MGMTP 模型的适用年份,到 2014 年。该模型既精炼好用、时间延续长、操作简单,而且全球性适用,尤其是对缺少大降水数据的地区具有重要的参考价值。本书采用拓展的 MGMTP 模型恢复焦作 1953—2008 年大气降水氚浓度值。

任何一个台站的平均氚浓度可以表示为几个主因子的线性组合,即

$$C_p(t,\varphi) = \sum_{i=1}^{n} C_p(t,i)l(i,\varphi) + \varepsilon(t,\varphi) \tag{7-21}$$

式中,$C_p(t,\varphi)$ 是纬度 φ 第 t 年的雨水氚浓度;$C_p(t,i)$ 为因子得分的第 i 个向量(时间记录);$l(i,\varphi)$ 为第 i 个向量的因子载荷(反应空间影响);$\varepsilon(t,\varphi)$ 为误差矩

阵；φ 为纬度。

全球单个站点的氚恢复模型是两个公共因子的线性组合，即

$$C_p(t) = b + f_1 C_p(t,1) + f_2 C_p(t,2) + \varepsilon \tag{7-22}$$

式中，b 为常数项；f_1，f_2 为公共因子的回归系数，随站点位置的不同而不同；$C_p(t,1)$ 和 $C_p(t,2)$ 为公共因子；ε 为随机误差。

根据式(7-22)对焦作地区的降水氚浓度进行恢复，其中常数项 b 和回归系数 f_1 和 f_2 根据香港和渥太华的大气降水氚浓度恢复模型的相关系数插值得到，其中香港大气降水氚浓度恢复模型(总体方程拟合度达 0.97，通过 F 检验)为：

$$C_p(t) = 39.610 + 104.367 \cdot C_p(t,1) + 32.428 \cdot C_p(t,2) \tag{7-23}$$

渥太华大气降水氚浓度恢复模型(总体方程拟合度达 0.97，通过 F 检验)为：

$$C_p(t) = 181.321 + 437.445 \cdot C_p(t,1) + 154.021 \cdot C_p(t,2) \tag{7-24}$$

焦作地区大气降水氚浓度恢复模型中 b、f_1 和 f_2 的值分别为 118.60、290.02 和 100.20。根据前人预测的降水中的标准化因子得分以及相关系数恢复焦作地区大气降水氚浓度恢复值，计算结果见图 7-6。

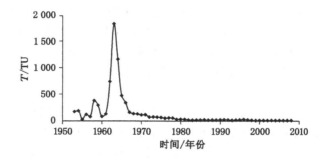

图 7-6　因子分析法恢复 1953—2008 年大气降水氚值

注：TU 为氚值的单位，1 TU＝1 个氚原子/10^{18}个氢原子。

根据样本数据，首先利用经验法进行大致的判断，发现研究区样本的氚值在 4～15 TU，为现代水，有个别采样点的氚值在 0.5～4 TU 之间，是 1953 年之前的水和现代水的混合补给。分析样本数据的地下水年龄之后，再利用活塞流模型和全混合模型进行计算分析。

(1) 活塞流模型计算结果与分析

将校正过的焦作地区大气降水氚值作为输入数据 C_0，代入活塞流模型进行计算，绘制活塞流模型曲线图，见图 7-7。

(2) 全混合模型计算结果与分析

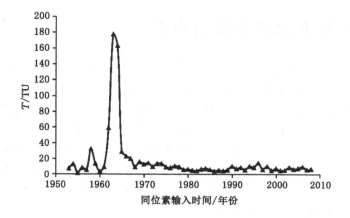

图 7-7　活塞流模型输出结果

选取因子分析法所恢复的结果作为氚输入值。由于已建立的氚值输入函数是不连续的,所以要将式(7-7)写成累加形式,即

$$C(t) = \int_0^{t-1953} \sum_{i=1}^{m} C_0^i (t-\tau) \frac{1}{\tau_m} e^{-\tau \left(\frac{1}{\tau_m} + 0.055\,75\right)} \tag{7-25}$$

研究区同位素取样时间为 2008 年,因此 $t = 2008$,由于 1953 年以前全球的降水氚小于 10 TU,所以 $t - \tau = 55$ a,将上式改写为:

$$C(t) = \frac{1}{\tau_m} \sum_{\tau=0}^{55} \sum_{i=1}^{m} C_0^i (t-\tau) e^{-\tau \left(\frac{1}{\tau_m} + 0.055\,75\right)} \tag{7-26}$$

根据不同的 $\tau_m = 5 \sim 500$ a,得出相应的氚输出函数。根据 $C(t)$ 输出值和 τ_m 绘制 $C(t)$-τ_m 曲线,见图 7-8。

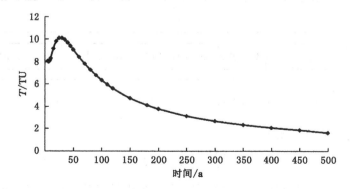

图 7-8　全混合模型输出结果

7.5 矿井水源动态混合模型

虽然评价煤矿涌水水源混合比例的方法有很多,但针对小尺度岩性相似的高地温煤矿灰岩涌水,利用常规水化学离子进行混合水源识别精度不高,且不能动态识别其混合比例的变化。因此,本节依据放射性核素的衰变定律、水量平衡原理、质量守恒原理,以典型华北型煤田——平顶山矿区为研究区域,构建深层地下水放射性同位素分布模型,并基于铀、镭、氡、地下水年龄及温度数据,采用多元混合质量平衡计算方法(M3)构建煤层底板多层灰岩混合水源识别模型,对揭示深层灰岩地下水混合比例动态变化及镭氡响应机制具有重要意义。

7.5.1 放射性同位素分布模型构建

理论上,放射性同位素浓度受混合作用、对流作用、分馏作用和衰变的共同影响,很难对放射性同位素浓度随时间的变化进行精准分析,深层地下水放射性同位素主要来源于其他放射性同位素的衰变,且深层地下水不能直接接受大气降水的补给,因此深层地下水的主要补给来源为地下水的径流补给 Q_{in},排泄为径流排泄 Q_{out}。基于此假设,可以构建深层地下水放射性同位素浓度的微分方程模型(见图 7-9),图中 V 表示深层地下水的体积,$C(t)$(简称 C)表示深层地下水放射性同位素的浓度,$C_{in}(t)$(简称 C_{in})表示径流补给水体中放射性同位素的浓度,$C_{out}(t)$(简称 C_{out})表示径流排泄水体中放射性同位素的浓度。

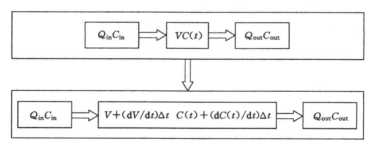

图 7-9 深层地下水放射性同位素浓度的微分方程模型

首先建立水量平衡方程:

$$\frac{dV}{dt} = Q_{in} - Q_{out} \tag{7-27}$$

由水量平衡方程和放射性衰变定律建立放射性同位素的质量平衡方程:

$$VCe^{-\lambda\Delta t} + (C_{in}Q_{in} - C_{out}Q_{out})\Delta t = \left(V + \frac{dV}{dt}\Delta t\right)\left(C + \frac{dC}{dt}\Delta t\right) \tag{7-28}$$

式中，λ 为放射性同位素的衰变常数。

方程两边同时除以 Δt 得：

$$C_{in}\,Q_{in} - C_{out}\,Q_{out} = C\frac{dV}{dt} + V\frac{dC}{dt} - \lambda VC\,\frac{e^{-\lambda\Delta t - 1}}{\lambda\Delta t} \qquad (7\text{-}29)$$

当 $\Delta t \rightarrow 0$ 时，应用洛必达法则可得：

$$C_{in}\,Q_{in} - C_{out}\,Q_{out} = C\frac{dV}{dt} + V\frac{dC}{dt} + \lambda VC \qquad (7\text{-}30)$$

将式（7-27）代入式（7-30）得：

$$\frac{dC}{dt} + \left(\lambda + \frac{Q_{in}}{V}\right)C = \frac{C_{in}\,Q_{in}}{V} \qquad (7\text{-}31)$$

求解非齐次线性方程可得：

$$C(t) = \left(\int_0^t \frac{C_{in}\,Q_{in}}{V}\,e^{\int_0^t \left(\lambda + \frac{Q_{in}}{V}\right)dt}\,dt + C_0\right)e^{-\int_0^t \left(\lambda + \frac{Q_{in}}{V}\right)dt} \qquad (7\text{-}32)$$

式中，C_0 为地下水放射性同位素的初始浓度。

针对同一层煤矿深层地下水，地下水径流长时间处于稳定状态，计算时忽略 Q_{in}/V 随时间的变化。

$$C(t) = \left[\frac{C_{in}\,Q_{in}}{\lambda V + Q_{in}}\left(e^{t\left(\lambda + \frac{Q_{in}}{V}\right)} - 1\right) + C_0\right]e^{-t\left(\lambda + \frac{Q_{in}}{V}\right)} \qquad (7\text{-}33)$$

令 $A = \dfrac{Q_{in}}{V}$，则

$$C(t) = \frac{AC_{in}}{A + \lambda} - \left(\frac{AC_{in}}{A + \lambda} - C_0\right)e^{-t(\lambda + A)} \qquad (7\text{-}34)$$

式中，t 为深层地下水的年龄。

7.5.2　放射性同位素分布模型解析

典型水样选取是基于主成分分析得到的散点图完成的。利用主成分分析提取样品数据的信息，建立全部水样主成分 Y_1 与主成分 Y_2 的荷载散点图，找出包围所有散点的公共三角形区域，则位于荷载散点图中间的地下水样是由组成三角形端点的地下水水样混合而成。通过对平顶山煤田含水层水样主成分 Y_1 与主成分 Y_2 的荷载散点图进行分析，选取二叠系砂岩地下水（水样 12）、石炭系灰岩地下水（水样 15）和寒武系灰岩地下水（水样 11）作为平顶山煤田深层地下水典型水样。事实上，这三个典型水样也是构建动态混合比例模型的补给端元。

利用地下水中镭、氡的放射性活度，可以计算出深层地下水的年龄，由于深层地下水的年龄较大（$t > 1$），故采用镭-氡测年公式（7-13）计算平顶山煤田深层地下水典型水样的地下水的年龄，结果见表 7-4。

表 7-4　平顶山煤田深层地下水典型水样年龄

水样编号	水样位置	水样类型	N_U/(ug/L)	N_{Ra}/(Bq/L)	N_{Rn}/(Bq/L)	年龄/a
11	Ⅱ Ⅱ	寒武系灰岩地下水	0.33	5.05	108.82	111.5
12	Ⅲ	二叠系砂岩地下水	0.06	0.19	0.69	756.4
15	Ⅲ	石炭系灰岩地下水	1.65	1.57	11.80	334.7

因此,将典型水样中镭的含量和地下水的年龄代入公式(7-34),可计算出平顶山煤田深层地下水放射性同位素模型参数 $C_0 = 9.082$,$C_{in} = 0.025\ 9$,$A = 0.004\ 86$。进一步可求得平顶山煤田深层地下水放射性同位素分布模型公式(7-35)。

$$C(t) = 9.058\ e^{-0.005\ 29t} + 0.023\ 8 \qquad (7-35)$$

7.5.3　矿井地下水氡和温度恢复

氡气主要来源于深部岩层中镭的衰变,由于氡比重小于地下水,氡气伴随地下水流动的同时也存在垂向的迁移。由于氡的半衰期较短,仅为 3.825 d,从地下深处向上迁移的过程中不可避免地会产生衰减,运移距离越长,氡衰减越多,导致埋深较浅的含水层中氡含量较低。另外,随着深度的增加,岩体母体的分馏和压力增大,氡不易溢出,造成含水层水体中氡的活度愈靠近深层,含量越高。

同时,在地温梯度的影响下,随着深度的增加,地下水的温度不断升高,因此氡含量随温度的增加呈逐渐增加的趋势。对平顶山煤田氡的放射性活度与地下水的温度进行拟合,发现深层寒武系灰岩地下水中氡的放射性活度与地下水的温度具有线性关系,如图 7-10 所示。

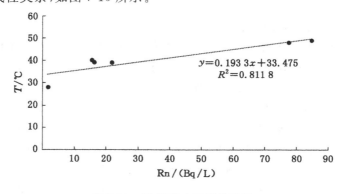

图 7-10　氡-地下水温度关系图

基于以上分析恢复平顶山煤田深层灰岩地下水数据,步骤如下:首先,基于放射性同位素镭的活度,利用构建的深层地下水放射性同位素分布模型计算出深层地下水的年龄。然后,将放射性同位素镭的活度和地下水年龄代入镭-氡测年公式计算出深层地下水中放射性同位素氡的活度。最后,利用氡和温度的线性关系推断出深层地下水的温度,从而恢复平顶山煤田深层灰岩地下水数据。

深层灰岩地下水的年龄和温度是一个相对的概念,它们不仅能有效的阐述地下水的径流途径和混合过程,也是揭示地下水历史的重要参数。分析表明,不同含水层的深层地下水年龄和温度具有显著差异,可以作为构建动态混合比例模型的变量。

7.5.4　动态混合模型构建

首先,利用主成分分析提取样品数据的信息,建立全部水样主成分 1 与主成分 2 的荷载散点图,如图 7-11 所示。在平顶山煤矿区不同含水层水样主成分 1 与主成分 2 的荷载散点图中,找出围绕所有散点的公共三角形区域,选择水样点 $A(-1.305, -0.942)$、$B(-0.433, 2.975)$ 和 $C(2.321, -0.305)$ 作为矿区深层灰岩地下水的补给端元。实际上,A、B 和 C 水样分别是顶层砂岩地下水、薄层灰岩地下水和厚层灰岩地下水的典型代表。

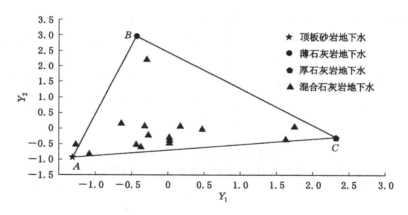

图 7-11　运用主成分分析获得样品数据的最大信息量

其次,混合比例计算是在典型水样点与其他水样点之间建立的理想概念模型,假定地下水样由所有的典型参考水样混合而成。混合比例描述了典型水样点对考察地下水样的贡献程度。其计算方法如下:研究区域参考水样点有 3 个,以 3 个典型水样点为端元构建三角形 ABC(见图 7-12)。假定观察水样点 X 位于三角形 ABC 内部,观察水样点 X 的混合程度主要通过计算参考水样点 A、B 和 C 的混合比例得出。地下水中参考水样点 A 的混合比例可表示为式(7-36)。

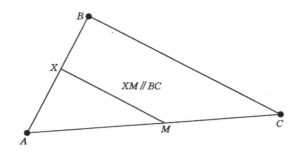

图 7-12 基于主成分分析的混合比例计算分析简略图

$$\text{Mix } A = \frac{R_A}{\sum\limits_{i=A}^{C} R_i} \tag{7-36}$$

其中：

$$R_A = \frac{CM}{AC}$$

同理，可以计算出地下水中 B 点和 C 点的混合比例。

深层灰岩地下水的混合作用受多重因素共同控制，通过对石炭系灰岩含水层和寒武系灰岩含水层水文地质和构造地质分析，煤矿开采是造成镭、氡放射性活度异常和混合作用加剧的主要因素。由表 7-5 可得，不同取样点的水样混合比例不尽相同。总的来说，薄层灰岩水接受外来补给较多，混合作用较强。厚层灰岩地下水接受外来补给较少，混合作用较弱。

表 7-5 平顶山煤田深层灰岩地下水混合比例

水样编号	水样位置	水样类型	A	B	C	年龄	温度/℃
1	首山一矿	薄层灰岩地下水	70.87%	6.72%	22.42%	327.7	34
3	二矿	薄层灰岩地下水	55.59%	22.52%	21.89%	281.0	34
4	二矿	薄层灰岩地下水	58.01%	7.16%	34.83%	295.0	39
5	四矿	薄层灰岩地下水	39.36%	15.35%	45.29%	172.1	37
6	五矿	厚层灰岩地下水	18.00%	1.66%	80.34%	137.6	48
7	五矿	厚层灰岩地下水	6.51%	12.09%	81.40%	130.2	49
8	八矿	薄层灰岩地下水	92.55%	1.73%	5.72%	626.5	34
9	十矿	薄层灰岩地下水	70.52%	4.93%	24.55%	341.7	35
10	十一矿	薄层灰岩地下水	11.91%	79.06%	9.03%	294.5	36
11	十二矿	薄层灰岩地下水	62.04%	25.93%	12.04%	404.6	34

表 7-5(续)

水样编号	水样位置	水样类型	A	B	C	年龄	温度/℃
12	十二矿	薄层灰岩地下水	55.40%	10.89%	33.71%	239.3	35
15	十三矿	薄层灰岩地下水	60.55%	14.32%	25.13%	294.6	35
17	十三矿	薄层灰岩地下水	44.80%	19.21%	35.99%	261.1	39
18	十三矿	薄层灰岩地下水	56.78%	8.14%	35.07%	300.2	40

分析图 7-13 可得,顶板砂岩水贡献的混合比例与地下水的年龄成正比,与温度成反比,厚层灰岩水贡献的混合比例与地下水的年龄成反比,与温度成正比,故地下水的温度和年龄成反比。由于地下水的温度随着深度的增加而升高,故深层地下水的年龄随着深度的增加而减少,表明薄层灰岩地下水和厚层灰岩地下水受煤矿开采影响较大,地下水的年龄更新较快,地下水径流补给路径存在侧向补给。

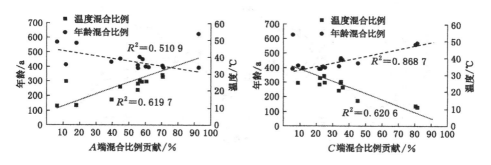

图 7-13　补给端元贡献混合比例与温度和年龄的关系

大部分薄层灰岩地下水采样点接受顶板砂岩地下水的补给较多,接受厚层灰岩地下水补给较少,表征随着时间的推移,原有灰岩地下水被新来的地下水更新,现在的灰岩地下水主要通过断层接受顶板砂岩地下水的侧向补给,其次通过水头差接受厚层灰岩地下水补给。

7.5.5　动态混合模型响应机制

铀的半衰期长达 4.51×10^9 a,几十年乃至几百年内含量不会发生改变。镭的放射性活度会随着时间的变化发生改变,基于地下水放射性同位素浓度公式[式(7-35)]可对若干年后镭的放射性活度进行预测,再结合镭-氡测年公式计算氡的放射性活度,针对深层地下水同一深度取样点,地下水的温度不变,由以上分析,可以推断出若干年后深层地下水混合比例模型的变量参数。基于此假设条件,可进一步构建深层地下水动态混合比例模型,分析若干年后深层地下水混合比例的变化。

平顶山煤田各煤矿的地理分布位置由东至西为：平煤十一矿、平煤五矿、平煤四矿、平煤二矿、平煤十矿、平煤十二矿、首山一矿、平煤八矿。因此，结合矿区水文地质、构造地质条件和水样的混合比例绘制平顶山煤田深层灰岩地下水混合比例变化趋势图，见图 7-14。

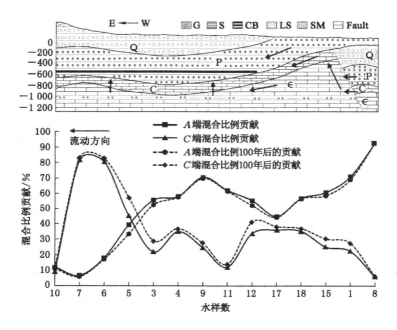

图 7-14　平顶山煤田深层灰岩地下水混合比例变化趋势图

在空间上，深层地下水的水流方向由西向东，受水文地质条件的影响，地下水径流运动时，其混合作用不断改变。顶板砂岩地下水对薄层灰岩地下水的补给由西到东呈现逐渐降低的趋势，厚层灰岩地下水对薄层灰岩地下水的补给由西到东呈现逐渐增高的趋势。

随着时间的推移，深层地下水中镭、氡含量降低。基于镭、氡含量随时间的动态变化对深层灰岩地下水混合比例动态分析，发现随着时间的推移，厚层灰岩地下水对薄层灰岩水补给占比增高，顶板砂岩水补给占比降低。这是由于长期的煤矿开采引起顶板砂岩水和薄层灰岩水水位下降，顶板砂岩水的侧向补给减弱。而寒武系砂质泥岩隔水层的存在使厚层灰岩地下水受煤矿开采影响较小，使厚层灰岩地下水对薄层灰岩地下水的补给相对增强。但是，通过断层对薄层灰岩水进行补给的顶板砂岩水仍是其主要补给来源。

参 考 文 献

黄平华,祝金峰,邓勇,等,2013.地下水中氚同位素分布模型及其应用[J].煤炭学报,38(增刊 2):448-452.

郎琳,刘建安,钟强强,等,2020. ^{226}Ra 和 ^{228}Ra 对南海北部陆坡水团的示踪作用[J].海洋环境科学,39(4):511-521.

李开培,郭占荣,袁晓婕,等,2011.氡和镭同位素在沿岸海底地下水研究中的应用[J].勘察科学技术,5:30-36.

苏小四,2002.同位素技术在黄河流域典型地区地下水可更新能力研究[D].长春:吉林大学.

杨平,叶淑君,2018.全球大气降水年均氚浓度恢复模型(1960—2014 年)[J].环境科学学报,38(5):1759-1767.

殷晓曦,2017.采动影响下宿县-临涣矿区地下水循环-水化学演化及其混合模型研究[D].合肥:合肥工业大学.

张发旺,王贵玲,侯新伟,等,2000.地下水循环对围岩温度场的影响及地热资源形成分析:以平顶山矿区为例[J].地球学报,21(2):142-146.

张向阳,2019.放射性同位素:揭示地下水年龄的时钟[J].国土资源科普与文化,4:21-23.

张晓洁,徐晓涵,相湛昌,等,2018.黄河下游地下水中镭氡同位素的分布及影响因素研究[J].海洋环境科学,37(1):1-7.

章艳红,叶淑君,吴吉春,2011.全球大气降水中年平均氚浓度的恢复模型[J].地质论评,57(3):409-418.

ABBASI A,MIREKHTIARY F,2020. Some physicochemical parameters and 226Ra concentration in groundwater samples of North Guilan,Iran[J]. Chemosphere,256:127113.

ABDELDJEBAR T,MOHAMMED H,MESSOUAD H,2019. Origin and Age of the surface water and groundwater of the Ouargla Basin-Algeria[J]. Energy procedia,157:111-116.

AL-CHARIDEH A, 2012. Geochemical and isotopic characterization of groundwater from shallow and deep limestone aquifers system of Aleppo Basin (north Syria)[J]. Environmental earth sciences,65(4):1157-1168.

CERDÀ-DOMÈNECH M, RODELLAS V, FOLCH A, et al., 2017. Constraining the temporal variations of Ra isotopes and Rn in the groundwater end-member: implications for derived SGD estimates[J]. The science of the total environment, 595:849-857.

CHEVYCHELOV A P, SOBAKIN P I, KUZNETSOVA L I, 2019. Natural radionuclides ^{238}U, ^{226}Ra, and ^{222}Rn in the surface water of the el'konskii uranium ore region, southern Yakutia[J]. Water resources, 46(6):952-958.

GALHARDI J A, BONOTTO D M, 2017. Radionuclides (^{222}Rn, ^{226}Ra, ^{234}U, and ^{238}U) release in natural waters affected by coal mining activities in southern Brazil[J]. Water, air and soil pollution, 228(6):207.

GARCIA-ORELLANA J, COCHRAN J K, BOKUNIEWICZ H, et al., 2014. Evaluation of ^{224}Ra as a tracer for submarine groundwater discharge in Long Island Sound (NY)[J]. Geochimica et cosmochimica acta, 141:314-330.

GONNEEA M E, MORRIS P J, DULAIOVA H, et al., 2008. New perspectives on radium behavior within a subterranean estuary[J]. Marine chemistry, 109 (3/4):250-267.

HU Y H, YAN S L, XIA C L, et al., 2017. Distribution characteristics and radiotoxicity risks of radium-226 (^{226}Ra) in groundwater from Wanbei Plain, China[J]. Journal of radio analytical and nuclear chemistry, 311 (3): 2079-2084.

KIRO Y, WEINSTEIN Y, STARINSKY A, et al., 2013. Groundwater ages and reaction rates during seawater circulation in the Dead Sea aquifer [J]. Geochimica et cosmochimica acta, 122:17-35.

MAXWELL O, WAGIRAN H, ZAIDI E, et al., 2016. Radiotoxicity risks of radium-226 (^{226}Ra) on groundwater-based drinking at Dawaki, Kuje, Giri and Sabon-Lugbe area of Abuja, North Central Nigeria[J]. Environmental earth sciences, 75(14):1084.

PETERSEN J O, DESCHAMPS P, HAMELIN B, et al., 2018. Groundwater flowpaths and residence times inferred by ^{14}C, ^{36}Cl and ^{4}He isotopes in the Continental Intercalaire aquifer (North-Western Africa) [J]. Journal of hydrology, 560:11-23.

SCHETTLER G, OBERHÄNSLI H, HAHNE K, 2015. Ra-226 and Rn-222 in saline water compartments of the Aral Sea region[J]. Applied geochemistry, 58:106-122.

SCHMIDT C, HANFLAND C, REGNIER P, et al., 2011. ^{228}Ra, ^{226}Ra, ^{224}Ra and ^{223}Ra in potential sources and sinks of land-derived material in the German

Bight of the North Sea: implications for the use of radium as a tracer[J]. Geo-marine letters, 31(4):259-269.

TOMITA J, ZHANG J, YAMAMOTO M, 2014. Radium isotopes (^{226}Ra and ^{228}Ra) in NaCl type groundwaters from Tohoku District (Aomori, Akita and Yamagata Prefectures) in Japan[J]. Journal of environmental radioactivity, 137:204-212.

VINSON D S, VENGOSH A, HIRSCHFELD D, et al., 2009. Relationships between radium and radon occurrence and hydrochemistry in fresh groundwater from fractured crystalline rocks, North Carolina (USA)[J]. Chemical geology, 260(3/4):159-171.

WEINSTEIN Y, FRIEDHEIM O, ODINTSOV L, et al., 2021. Using radium isotopes to constrain the age of saline groundwater, implications to seawater intrusion in aquifers[J]. Journal of hydrology, 598:126412.